一本系统化阐述时间敏感网络技术体系的工具书

快速了解时间敏感网络的发展脉络、核心机制和应用趋势

时间敏感网络
技术及发展趋势

孙 雷 王健全 朱瑾瑜 马彰超◎编著

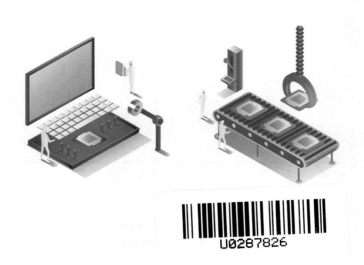

U0287826

人民邮电出版社

北 京

图书在版编目（CIP）数据

时间敏感网络技术及发展趋势 / 孙雷等编著. -- 北京 : 人民邮电出版社，2022.7（2024.3重印）
ISBN 978-7-115-59303-0

Ⅰ. ①时… Ⅱ. ①孙… Ⅲ. ①计算机网络—通信协议
Ⅳ. ①TN915.04

中国版本图书馆CIP数据核字（2022）第088219号

内 容 提 要

　　本书较为全面地介绍了时间敏感网络技术的发展背景、标准化研究现状、基本原理、关键技术体系和最新发展趋势。首先介绍了网络协议基础、局域网、以太网及当前主流工业网络技术基础，并在此基础上重点阐述和分析了时间敏感网络的标准进程及协议体系，从时间同步、调度整形、可靠性保障机制、网络管理与配置机制角度深入阐述了时间敏感网络技术的关键基础协议及其主要机制流程，并结合工业无线化需求，介绍了时间敏感网络与5G系统的协同传输关键技术和应用场景，旨在为读者提供有关时间敏感网络技术的系统性参考资料。

　　本书是面向工业互联网、信息通信及计算机领域的科技工具书，适合高校通信与信息、计算机专业本科生及研究生阅读，也适合相关从业人员阅读。

◆ 编　　著　孙　雷　王健全　朱瑾瑜　马彰超
　　责任编辑　王建军
　　责任印制　马振武
◆ 人民邮电出版社出版发行　北京市丰台区成寿寺路 11 号
　　邮编　100164　电子邮件　315@ptpress.com.cn
　　网址　https://www.ptpress.com.cn
　　三河市君旺印务有限公司印刷
◆ 开本：787×1092　1/16
　　印张：15　　　　　　　　2022 年 7 月第 1 版
　　字数：218 千字　　　　　2024 年 3 月河北第 7 次印刷

定价：99.90 元
读者服务热线：(010)81055493　印装质量热线：(010)81055316
反盗版热线：(010)81055315
广告经营许可证：京东市监广登字 20170147 号

前言 PREFACE

工业智能制造正在由理念不断走向实践，工业互联网成为推动工业制造业网络化、数字化和智能化转型的关键信息通信基础设施。网络是工业互联网的基础，担负着承载生产全环节、工艺全流程、人机料法环全领域数据的重任，不仅要保证数据传输的实时性、稳定性及可靠性，还要兼容多样化工业网络技术，同时还需考虑网络部署和运营的成本。在此背景下，时间敏感网络因具有低时延、时延有界性等确定性传输特征及多业务统一承载特性，能有效促进信息通信与工业生产运营技术的融合，受到工业制造和信息通信领域的共同关注，被认为是工业互联网的关键基础网络技术。

针对时间敏感网络的研究成为工业互联网产业界和学术界共同的热点话题，标准化组织、产业联盟和广大专家学者针对时间敏感网络的体系结构、时间同步、流量整形、网络配置、资源预留等方面已经开展了大量的研究，其中，电气与电子工程师协会在 IEEE 802.1 工作组针对时间敏感网络的关键机制制定了体系化的标准协议，第三代伙伴计划（3GPP）也在 5G R16 版本中提出 5G 与时间敏感网络的协同，以提升 5G 网络的数据确定性传输能力。然而，从推进时间敏感网络研究和产业应用的角度看，虽然时间敏感网络在标准化体系上相对完善，但业界对其的广泛关注也只是从近几年开始，国内外还没有相对浅显易懂的参考图书。时间敏感网络包含一系列标准体系，初学者面对成百上千页的协议规范，很难在短时间内对时间敏感网络的主要技术体系和关键机制有一个较为全面的认识，若从学术论文着手研究，往往会"只见树木不见森林"，难以抓住要点，对机制的理解也可能存在一定的片面性。因此，笔者结合自身在时间敏感网络研究方面的经验，编写了本书，目的就是方便广大读者能够快速了解时间敏感网络的技术体系和核心机制，共同推动时间敏感网络的研究和应用。

工业互联网是一个多学科交叉的领域，涉及工业控制、信息通信和计算机等学科。为了方便不同专业背景的读者阅读，笔者在编写本书时以网络协议分层、以太网和局域网技术、主流工业网络技术等基础概念作为第 1 章内容。第 2 章梳理了时间敏感网络的发展背景及基础知识，使读者在对网络协议基础、时间敏感网络有基本了解的情况下，深入学习时间敏感网络主要技术机制。高精度时间同步是时间敏感网络的基础，因此，第 3 章重点对时间同步的原理、时间敏感网络中的时间同步机制进行了介绍。调度整形机制是时间敏感网络实现低时延、确定性传输的关键，是时间敏感网络的核心技术协议，因此，第 4 章以较多的篇幅介绍了当前时间敏感网络中涉及的多种整形机制。可靠性是工业网络的基础，第 5 章重点对时间敏感网络中涉及的可靠性增强机制进行了介绍。第 6 章着重对时间敏感网络的网络管理和配置机制进行了阐述，时间敏感网络包含诸多功能，其功能的管理和配置非常重要，影响到网络规模应用的可行性。随着海量传感器、移动机器人等智能化设备的使用，工业无线化需求进一步凸显，第 7 章重点对 3GPP 提出的 5G TSN 协同架构、关键技术及应用进行了介绍。

本书主要由北京科技大学和中国信息通信研究院的专家共同编写。其中，第 1、4、7 章由孙雷编写，第 2 章由王健全编写，第 3 章由马彰超编写，第 5、6 章由孙雷和朱瑾瑜合作编写，全书由孙雷和王健全统稿及修改。

在本书编写过程中，为准确描述时间敏感网络概念和原理，编者查阅和参考了时间敏感网络的标准协议、相关学术期刊、会议和互联网专业社区中的大量资料，在此，对提供参考资料的机构和作者表示由衷的感谢。此外，北京科技大学工业互联网研究院团队对本书的编写给予了大量的支持，李卫、张超一、付美霞、王曲等老师给予了热心的帮助；毕紫航、徐浩、吴思远、朱渊、胡文学、孙志权、邢可欣、胡馨予、刘乙恒、向成峰、王卓群等同学参与了本书的资料整理、图表编辑等工作，在此一并表示感谢。

本书的出版得到了国家重点研发计划项目（2020YFB1708800）和中央高校基本科研业务费资助项目（FRF-MP-20-37）的支持，在此表示衷心感谢。

本书力求简明扼要、较为全面地对时间敏感网络的基础概念和关键技术体系进行介绍，但时间敏感网络技术还处于研究和发展过程中，部分关键技术还有待进一步深入研究和探索。由于作者水平有限，时间仓促，书中难免存在疏漏和不当之处，恳请各位读者批评指正，不吝赐教。

作　者

2022 年 4 月

目录 CONTENTS

第5章   时间敏感网络可靠性保障机制

第6章　时间敏感网络管理与配置机制

第7章　时间敏感网络与5G的协同技术

第 1 章

CHAPTER 1

网络协议基础

时间敏感网络（Time Sensitive Network，TSN）并不是一项全新的网络技术，而是在标准以太网和虚拟桥接局域网基础上，针对数据链路层进行技术增强的一系列标准协议，也属于一种特殊的局域网络。为了更好地理解时间敏感网络协议层次、数据帧结构等具体协议细节，需要先了解网络协议分层模型、以太网技术、虚拟桥接局域网技术等基本知识。本章将从开放系统互连参考模型、网络协议分层等角度阐述各层次的主要功能及常见协议；然后针对时间敏感网络的技术基础，介绍以太网技术和虚拟桥接局域网技术。

1.1 网络协议分层模型

网络系统是一个由终端、交换机和路由器等多种类型设备构成的复杂系统，运行着由不同开发者开发的应用程序，由不同的用户采用各类终端通过网络对各种应用程序进行访问。若应用程序运行、连接建立、业务获取等所有问题都由相互通信的两个终端完成，则要求这两端必须高度协调，但这种"协调"相当复杂，而且需要所有通信终端都必须具有相同的"强大"功能，在成本、开放性、运营维护等方面面临极大挑战。因此，若想让不同层面的工作在不同的组件中或由不同的协议来完成，可以通过"分层"将庞大而复杂的问题转化为若干层面、不同性质的局部问题，进而针对这些较小的局部问题进行更简洁、高效、系统的研究和标准化工作，通过分层合理地组织复杂的网络结构。

1.1.1 开放系统互连参考模型

在通信网络构建之初，不同的网络系统使用的协议复杂多样，致使网络互联非常困难。为了解决这个问题，国际标准化组织（International Standardization Organization，ISO）于 1981 年提出了开放系统互连（Open System Interconnection，OSI）参考模型，该参考模型的设计目标是希望所有的网络系统都参照这一模型架构和标准，以消除不同系统之间因协议不同而造成的通信障碍。值得注意的是，OSI 并不是一种实际的物理模型，而是一种将网络协议规范化的逻辑参考模型，仅是一种协议体系标准，而不是特定的系统或协议，OSI 设计的思想和模型的术语对于理解不同类型的网络协议有着非常重要的指导意义。

在阐述 OSI 参考模型之前，有必要说明网络协议及其要素的定义。对于由多个终端和网络设备组成的复杂网络而言，需要规定终端与网络设备间通信的格式、数据类型、通信步骤等事项，即要事先约定数据交换必须遵守的规则，这些规则明确规定了所交换数据的格式、接口要求、数据处理方法和步骤及有关的同步问题，这些"事先约定"的规则被统称为网络协议，也简称协议。

简而言之，网络协议就是为网络中的数据交换、传输和处理而建立的规则、标准和约定。网络协议的组成要素主要包含语法、语义和同步 3 个方面。

① 语法：定义数据与控制信息的结构或格式。

② 语义：定义需要发出何种控制信息，完成何种动作及做出何种响应。

③ 同步：也称为时序，定义了时间实现的顺序，并给出具体的步骤说明。

OSI 参考模型包括体系结构、服务定义和协议规范 3 级抽象：OSI 参考模型的体系结构定义了一个 7 层协议模型，用以实现不同层面的通信和数据交互，并作为一个框架协调各层面标准的制定；OSI 参考模型的服务定义描述了各层所提供的服务，以及层与层之间的抽象接口和交互用的服务原语；OSI 参考模型各层的协议规范定义了应当发送何种控制信息及何种过程解释该控制信息。OSI 参考模型根据网络系统的逻辑功能规范了每一层的功能、要求、技术特性等，但并没有规定具体的实现方案。采用不同技术的网络系统可参考 OSI 参考模型定义的协议层次架构，规定每一层次的通信协议、接口类型，实现异系统间能够在不同协议层面对接。

OSI 参考模型架构如图 1.1 所示，从上至下，各层的功能及常见协议如下。

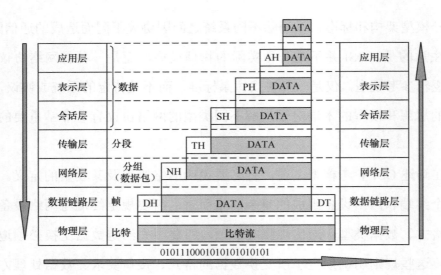

图1.1　OSI参考模型架构

（1）应用层

应用层是OSI参考模型的最高层，其功能一方面是提供用户及各种应用程序和网络之间的接口，直接向用户提供服务，完成用户希望在网络上实现的各种业务；另一方面，该层负责完成应用程序与网络管理系统之间的交互，并完成应用的各种网络服务及应用所需的监督、管理和服务等各种协议，协调各个应用程序间的工作，完成和实现用户请求的各种应用服务。应用层提供的数据格式是应用协议数据单元（Application Protocol Data Unit，APDU）。

应用层为用户提供的服务和协议有文件服务、目录服务、网页浏览服务、文件传输协议（File Transfer Protocol，FTP）、远程登录服务（Telnet）、电子邮件服务（E-mail）、打印服务、安全服务、网络管理服务和数据库服务等。

（2）表示层

表示层位于应用层之下，其主要作用是为上层应用提供共同的数据或信息的语法表示变换，处理用户信息的表示问题，并按照一定的格式传送给下层协议。为了让采用不同表示方法的计算机或终端在通信中能够相互"理解"数据的内容，可采用抽象的标准方法定义数据结构，并采用标准的编码表示形式。表示层管理这些抽象的数据结构，并将计算机或终端内部的表示形式转换成网络通信中采用的标准或通用形式。表示层提供的数据格式是表示协议数据单元（Presentation Protocol Data Unit，PPDU）。

数据编码、数据格式转换、数据压缩和数据加密解密是表示层提供的主要功能，例如，美国信息互换标准代码（American Standard Code for Information Interchange，ASCII）、动态图像专家组（Moving Picture Experts Group，MPEG）、联合图像专家组（Joint Photographic Experts Group，JPEG）等是表示层的常见协议。

（3）会话层

会话层位于表示层之下，为两个通信实体的表示层建立连接并提供连接管理的方法和机制，组织和同步不同主机或终端上各种进程间的通信，即不同应用进程间的"会话"，并管理表示层的数据交换。会话层负责为两个通信实体的会话层间的对话提供建立和拆除连接的功能，并提供会话管理功能，允许用户在两个实体设备之间建立、维持和终止会话，并支持它们之间的数据交换。例如，提供单方向会话或双向同时会话，并管理会话中的发送顺序，以及会话所占用时间的长短。会话层提供的数据格式是会话协议数据单元（Session Protocol Data Unit，SPDU）。

用户可以按照半双工、单工和全双工的方式建立会话。当建立会话时，用户必须提供他们想要连接的远程地址，域名（Domain Name，DN）就是一种网络上使用的远程地址，例如 www.ptpress.com.cn 就是一个域名。

（4）传输层

传输层位于会话层之下、网络层之上，是通信子网和资源子网的接口和桥梁，起到承上启下的作用。传输层为上层应用提供了一种"进程到进程"的端到端数据传输逻辑通道。对上层应用而言，传输层提供了端到端的透明数据传输服务，屏蔽了通信子网的差异性，使高层应用不必关心通信子网，由此用统一的传输原语书写的高层软件可运行于任何通信子网。此外，传输层还提供传输层连接管理、端到端的差错控制和流量控制功能。传输层提供的数据格式是数据段（Segment）。

用户报文协议（User Datagram Protocol，UDP）和传输控制协议（Transmission Control Protocol，TCP）是传输层常用的协议。

（5）网络层

网络层位于传输层之下，是 OSI 参考模型的第 3 层，主要负责的是通信子网的运行控制，为两个主机或终端间的通信提供端到端的数据传输服务。网络层是通信子网的最高一层，也是 OSI 参考模型中最复杂的一层，它在下两层协议的基础上向资源子网（上层应用）提供网络连接、管理和数据转发服务。网络层的目的是为数据分组跨越通信子网从源主机传送到目的主机提供寻址、路由选择、路由控制和数据转发等功能。网络层提供的数据格式是数据分组。

网络层使用的协议较多，包括域名解析系统、网际互联协议第 4 版（Internet Protocol version4，IPv4）、网际互联协议第 6 版（Internet Protocol version6，IPv6）等用于数据平面寻址、数据转发的协议，也包括开放式最短路径优先（Open Shortest Path First，OSPF）、边界网关协议（Border Gateway Protocol，BGP）、路由信息协议（Routing Information Protocol，RIP）等用于路由选择和控制的协议。

（6）数据链路层

数据链路层位于网络层之下，为上层应用提供"点到点"的链路连接及数据传输服务。数据链路层的主要作用是通过校验、确认和反馈重传等手段，将不可靠的物理链路改造成对网络层无差错的数据链路；此外，数据链路层还要协调收发双方的数据传输速率，防止接收方因来不及处理导致的缓存溢出及线路阻塞。数据链路层的数据格式是帧（Frame），数据帧包含地址、控制、数据及校验等信息。

数据链路层根据功能不同，分为两个子层，即逻辑链路控制（Logical Link Control，LLC）子层和媒体访问控制（Medium Access Control，MAC）子层：LLC

子层的主要任务是建立和维护网络连接，执行差错校验、流量控制和链路控制功能；MAC 子层的任务是建立上层逻辑通道到底层物理介质的映射和管理，解决共享型网络中多用户场景下的信道竞争问题，提供介质访问控制和信道映射等功能。LLC 提供的控制是透明的，与物理介质无关，因此在数据链路层中，因介质不同将提供不同的 MAC 协议，而 LLC 协议的变化较小。

（7）物理层

物理层位于 OSI 参考模型的最底层，为上层应用数据的传输提供真实的物理连接和比特发送控制服务。物理层定义了为建立、维护和拆除物理链路所需的机械特性、电气特性、功能特性和规程特性，包括网络设备的端口、连接线缆、编码方式和传输距离等。

物理层的作用是实现相邻计算机节点之间比特流的透明传送，尽可能屏蔽掉具体传输介质和物理设备的差异，使其上面的数据链路层不必考虑网络的具体传输介质是什么。"透明传送比特流"表示经实际电路传送后的比特流没有发生变化，对传送的比特流来说，电路好像是看不见的。

1.1.2 实体与服务的定义

为了更好地理解 OSI 参考模型，将对其中的实体、服务和服务访问点进行定义和说明。

一般情况下，实体（Entity）表示任何可发送或接收信息的硬件或软件进程。而协议是控制两个对等实体进行通信的规则的集合。在协议的控制下，两个对等实体间的通信使得本层能够向上一层提供服务，要实现本层协议，还需要使用下层所提供的服务。

协议和服务在概念上是有区别的。一方面，协议保证能够向上一层提供服务，本层的服务用户只能看见服务而无法看见下面的协议，下层的协议对上层的服务用户是透明的。另一方面，协议是"水平的"，即协议是控制对等实体之间通信的规则；服务是"垂直的"，即服务是由下层向上层通过层间接口提供的。同一系统相邻两层的实体进行交互的地方，被称为服务访问点（Service Access Point，SAP）。

协议、实体与服务示意如图 1.2 所示。处于第 n 层和第 $n+1$ 层的两个实体之间分别通过不同的"协议（n）""协议（$n+1$）"进行通信。第 n 层协议的运行是为了支撑第 $n+1$ 层的功能实现，即第 n 层为第 $n+1$ 层提供服务，这些服务包括第 n 层及其以下各层提供的服务。对第 $n+1$ 层实体而言，第 n 层实体就相当于一个服务提供者。

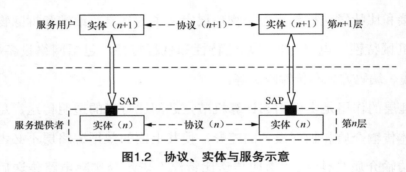

图1.2　协议、实体与服务示意

1.1.3　局域网参考模型

时间敏感网络是一种虚拟局域网技术，而局域网（Local Area Network，LAN）是一种在较小的地理范围内用共享通信介质将大量计算机及各种互联终端连接在一起，实现数据传输和资源共享的计算机网络。目前使用最广泛的局域网是以太网，以太网在公司、校园、工厂等局域网中被广泛应用。

局域网由美国施乐公司（Xerox）于 1975 年研制成功，20 世纪 80 年代初期，电气和电子工程师协会（Institute of Electrical and Electronics Engineers，IEEE）成立了 IEEE 802 委员会，IEEE 根据局域网自身的特征，并在参考 OSI 参考模型后提出了局域网的参考模型，以制定局域网的体系结构。

按照 IEEE 802 标准，在局域网体系结构中，物理层对应 OSI 参考模型中的物理层，MAC 子层与 LLC 子层共同对应 OSI 参考模型中的数据链路层，局域网参考模型示意如图 1.3 所示。

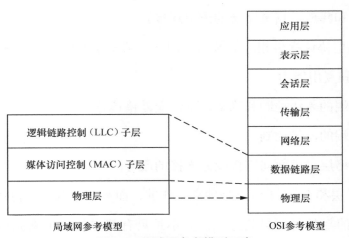

图1.3 局域网参考模型示意

在 OSI 参考模型中，物理层的作用是处理机械、电气、功能和规程等方面的特性，确保通信信道上二进制位信号的正确传输。在局域网参考模型中，物理层的主要功能包括信号的编码与解码，同步前导码的生成与去除，二进制位信号的发送与接收，错误校验（例如循环冗余检验码校验），提供建立、维护和断开物理连接等功能。

在 OSI 参考模型中，数据链路层的功能较简单，它负责把数据从一个节点可靠地传送到相邻的节点。在局域网中，由于多个站点共享传输介质，在节点之间传输数据之前要决定好由哪个设备使用传输介质，所以数据链路层要有介质访问控制功能。此外，由于底层介质的多样性，所以必须提供多种介质访问控制方法。因此，在局域网模型中，IEEE 802 标准将数据链路层划分为 LLC 子层和 MAC 子层两个子层。

（1）逻辑链路控制子层

LLC 子层构成数据链路层的上半部，对上承接网络层分组数据，对下连接 MAC 子层。LLC 子层用 SAP 定义接口，简而言之，LLC 子层提供的 SAP 是与相邻两层间的逻辑接口，具有对下收发数据帧（Frame），对上收发上层应用的协议数据单元的功能。

LLC 子层的主要功能如下。

① 建立和释放数据链路层的逻辑连接。

② 为高层协议提供相应的接口，即一个或多个 SAP，通过 SAP 支持面向连接的服务和复用能力。

③ 端到端的差错控制和确认，确保无差错传输。

④ 端到端的流量控制。

⑤ 为网络层提供面向连接或无连接的服务。

MAC 子层和 LLC 子层不是独立工作的，而是相互联系和协作的。它们都要参与数据的封装与解封装过程，并不是只有其中的一个来完成数据链路层中数据的封装和数据帧的解封装。

局域网中采用了两级寻址，即 MAC 地址标识局域网中的一个站点，LLC 提供 SAP 的地址。SAP 指定了运行于一台计算机或网络设备上的一个或多个应用进程地址。在发送方，网络层传送来的数据分组首先要加上目的 SAP（Destination Service Access Point，DSAP）和源 SAP（Source Service Access Point，SSAP）等控制信息，在 LLC 子层被封装成 LLC 帧，然后由 LLC 子层将其交给 MAC 子层，加上 MAC 子层相关的控制信息后再被封装成 MAC 帧，最后将其传送给局域网的物理层，并实现传输；在接收方，首先将物理的原始比特信息还原成 MAC 帧，在 MAC 子层对数据帧完成检测和解封装后转换成 LLC 帧并交给 LLC 子层，LLC 子层完成相应的帧检验和解封装工作后，将其还原成网络层的分组并上交给网络层。LLC 帧结构示意如图 1.4 所示。

| DSAP | SSAP | 控制字段 | 数据部分 |

图1.4　LLC帧结构示意

DSAP 字段占 1 个字节；SSAP 字段占 1 字节；控制字段可以是 1 字节，也可以是 2 字节。当 LLC 帧为信息帧或监督帧时，控制字段为 2 字节；当该帧为无编号帧时，控制字段为 1 字节。数据部分一般是无限制的，但要求是 8 位的整数倍。当 MAC 帧长度受限时，LLC 帧长度也会相应地受限。

（2）媒体接入控制子层

在局域网中，MAC 子层位于 LLC 子层之下，并与物理层相连。MAC 子层定义了应用数据对介质的访问控制方式，管理一个发送端到多个接收端的数据传输，并提供与 LLC 子层的接口。MAC 子层是局域网参考模型中最复杂的一层，其关系到局域网中用户接入、资源分配及调度等多种机制。

MAC 子层的主要功能如下。

① 在发送端，将 MAC 地址、MAC 控制字段、校验字段和数据部分封装成帧，并发送给物理层。

② 在接收端，对数据帧进行解封装，执行地址识别和差错校验。

③ 管理和控制对于局域网传输介质的访问，支持 LLC 子层完成介质访问控制。MAC 协议中定义了不同应用和不同用户数据如何接入介质，包括介质使用时长、介质数量分配等内容。此外，MAC 协议还规定对介质的访问模式，例如采用时间片轮询、预约或竞争技术（随机接入）。局域网中针对上述问题提供了复杂的 MAC 层机制，并根据不同的局域网技术提供不同的 MAC 协议。

MAC 帧结构及数据帧封装过程如图 1.5 所示。

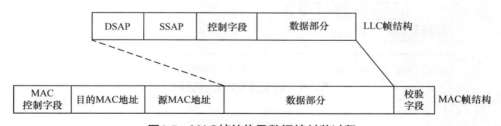

图1.5　MAC帧结构及数据帧封装过程

1.2　以太网技术

时间敏感网络基于标准以太网的技术，其数据帧格式和传输方式也遵循 IEEE 802.3 制定的以太网标准。因此，本节重点介绍了以太网技术，包括其参考模型、帧结构及关键接入机制。

1.2.1　概述

以太网（Ethernet）是一种计算机局域网技术。自 20 世纪 70 年代被提出以来，以太网技术在不断地演进发展，从最初的 2.94Mbit/s 到目前的 1000Mbit/s 甚至是 10Gbit/s 的数据传输速率。IEEE 802.3 制定了以太网的技术标准，它规定了物理层的连线、电子信号和介质访问控制的内容。以太网有高速、成本合理、安装简单、接受度高等优势。以太网是目前应用最普遍的局域网技术，也受到工业领域的广泛关注，在工业领域形成了工业以太网技术，后续章节中会介绍当前主要的工业以太网技术。以太网技术发展历程如图 1.6 所示。

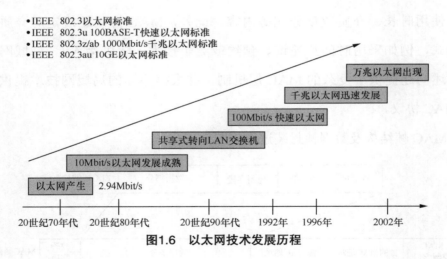

图1.6　以太网技术发展历程

以太网的标准拓扑结构为总线型拓扑，但目前的快速以太网（100BASE-T、1000BASE-T 标准）为了减少冲突，使用交换机来进行网络连接，使以太网的组网结构呈现多样化趋势，能支持总线型、星型、环型、树型等多种组网结构。

由于以太网技术使用广泛，在生活、工作、生产等多个领域均有涉及，对于以太网和互联网的区别，人们常常会产生概念混淆。

互联网也被称为网络的网络（Network of Networks），它是基于具有广泛共识的网际协议（Internet Protocol，IP）而形成的全球性计算机网络，它以传输控制协议 / 网际协议（Transmission Control Protocol/Internet Protocol，TCP/IP）作为构建通信体系的核心，体系结构分为应用层、传输层、网络层和网络接口层 4 层。互联网是由海量计算机主机、服务器、路由设备及交换设备等连接而成的庞大网络体系，也是全球最大的信息存储、查询和获取的业务源，它是由从地方到全球范围内数以千万计的私人、学术界、企业和政府的网络所构成的，通过电子、无线和光纤网络技术等一系列广域网络连接技术实现互联。

以太网只是一种接入互联网的接入技术标准。以太网使用载波监听多路访问及冲突检测（Carrier Sensing Multiple Access/Collision Detection，CSMA/CD）技术，并以 10Mbit/s、100Mbit/s、1000Mbit/s 等数据传输速率运行在多种类型的电缆上。它规定了物理层的连线、电子信号和 MAC 层协议的内容。

因此，可以看到，以太网只是组成互联网的一个子集，以太网是当前主流的局域网标准；而互联网是指将大量的局域网连接起来进行资源分享的广域网络，其目的是构建一张全球互联互通的网络。另外，互联网与以太网是两个不同的概念，前者是范围概念，后者是技术概念。

1.2.2　以太网帧结构

以太网主要定义了物理层和数据链路层的机制和协议，物理层包含组件布线、设备、以太网物理层和以太网电缆。IEEE 802.2/3 对数据链路层的定义可以分为 LLC 子层和 MAC 子层两部分，但对于以太网标准，数据链路层仅指 MAC 子层。

以太网的 MAC 地址有 48 位，即 6 字节，通常被表示为 12 位的点分十六进制数（例如 00.e0.fc.39.80.34）。MAC 地址作为网络接口卡（Network Interface Card，NIC）的硬件地址，其编号是全球唯一的。每个地址由两部分组成，分别是供应商代码和序列号。其中前三字节代表该供应商代码，由 IEEE 的注册管理机构管理和分配，剩下的 24 位由厂商自己分配。如果 48 位全是 1，则表明该地址是广播地址；如果第 8 位是 1，则表示该地址是组播地址。以太网帧结构及其物理层封装过程示意如图 1.7 所示。

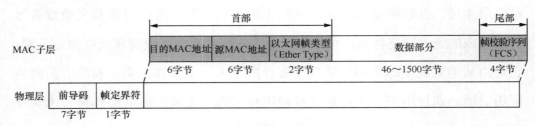

图1.7 以太网帧结构及其物理层封装过程示意

① 前导码：包含 7 字节，在这个字段中，1 和 0 交替出现，提醒系统接收即将到来的数据帧，同时使系统能够调整同步输入时钟，前导码在物理层插入。

② 帧定界符（Start of Frame Delimiter，SFD）：标记帧的开始。它只有 1 字节，模式是 10101011。SFD 通知接收方后面所有的内容都是数据，SFD 在物理层插入。

③ 目的 MAC 地址：包含 6 字节，标记数据帧目的节点的 MAC 地址。

④ 源 MAC 地址：包含 6 字节，标记发送数据帧的源节点的 MAC 地址。

⑤ 以太网帧类型：2 字节，用于表明数据字段中的数据在上层由哪种协议传输，而接收方通过这个字段来决定将这个帧递交给哪一个高层协议。例如，0800 表示 IP，0806 表示 ARP 等。

⑥ 数据部分：该部分是以太网帧的数据净荷部分，以太网 MAC 帧将逻辑链路子层的数据帧作为透明数据包含进来。该字段的长度为 46～1500 字节。为了使 CSMA/CD 协议正常操作，规定最小帧长度为 64 字节（包含帧首部和尾部）。若帧小于 64 字节，必须进行填充。

⑦ 帧校验序列（Frame Check Sequences，FCS）：MAC 帧的最后一个字段是

差错检测，占 32 位。FCS 一般采用循环冗余校验（Cyclic Redundancy Check，CRC），CRC 码的校验范围为目的地址、源地址、帧类型和数据部分。

1.3 虚拟桥接局域网概述

时间敏感网络遵循 IEEE 802.1Q 制定的虚拟桥接局域网（Virtual Bridged Local Area Network）协议，IEEE 802.1Q 为带有虚拟局域网（Virtual Local Area Network，VLAN）标识的以太网帧建立了一种标准方法，定义了 VLAN 网桥操作，从而允许在桥接局域网中实现定义、运行及管理 VLAN 拓扑结构等操作；此外，其通过虚拟局域以太网帧格式中增加的 VLAN 标签信息实现了差异化的服务质量（Quality of Service，QoS）控制，从而使时间敏感网络能够在进行多业务承载时，实现对高优先级业务的 QoS 保障。因此，本节重点介绍虚拟桥接局域网的数据帧结构和 VLAN 机制，为后续时间敏感网络的关键机制学习提供协议基础。

1.3.1 VLAN 数据帧结构

IEEE 802.1Q 定义了 VLAN 帧格式，这个格式统一了标识 VLAN 的方法，并且为识别帧属于哪个 VLAN 提供了一个标准的方法，有利于保证不同厂商设备配置的 VLAN 可以互通。VLAN 数据帧结构示意如图 1.8 所示，图 1.8 与图 1.7 相比，在标准以太网帧结构中插入 4 字节的 VLAN 标签。

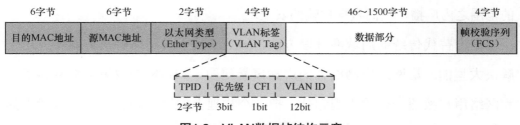

图1.8 VLAN数据帧结构示意

增加的 VLAN 标签中包含了多个字段，具体含义如下。

① 标签协议标识符（Tag Protocol Identifier，TPID）：2 字节，是 IEEE 定义的新类型，表明这是一个加了 802.1Q 标签的帧，其值固定设置为 0×8100。

② 优先级字段（Priority）：3 字节，标识数据帧的优先级，取值范围为 0～7，8 个优先级，数值越大其优先级越高，默认设置为"0"。

③ 标准格式指示符（Canonical Format Indicator，CFI）：1 字节，若数值为"0"，则为规范格式；若数值为"1"，则为非规范格式。

④ 虚拟局域网标识符（VLAN ID，VID）：12 字节，唯一标识数据帧所属的 VLAN，可以配置的 VLAN ID 的范围为 0～4095，其中全"0"及全"1"，也即"VID=0"或"VID=4095"在协议中暂时保留。

从 VLAN 帧结构可以看出，最长帧结构由标准以太网帧的 1518 字节变为了 1522 字节（含 MAC 首部及尾部），所以如果终端节点或交换机不支持 IEEE 802.1Q 时，其网卡会由于数据帧长度过大而将数据帧丢弃。因此，对于不支持 IEEE 802.1Q 的交换设备端口，必须确保它们用于传输无标签帧，这一点是非常重要的。

1.3.2　VLAN 技术机制

在传统的网络中，终端连接的交换机或者集线器构成了一个局域网，在局域网内的某个终端发送本地广播时，在局域网之内的其他终端都可以接收到。如果不控制广播信息的范围，局域网之内会产生广播风暴，发生阻塞，大幅度地降低网络的性能，但是如果传输的信息是保密的，应当保持在较小的范围之内广播，提高数据传输的安全。

作为替代传统的局域网分段方法，VLAN 被引入网络解决方案中，用于解决大型的二层网络组网面临的广播风暴问题。VLAN 在逻辑上把网络资源和网络用户按照一定的原则划分，把一个物理上的网络划分成多个逻辑上的小网络。

VLAN 具有灵活性和可扩展性等特点，使用 VLAN 技术有以下优点。

① 控制广播。每个 VLAN 都是独立的广播域，这样就会减少广播占用的网络带宽，提高网络传输效率，并且一个 VLAN 出现了广播风暴不会影响其他 VLAN。

② 增强网络安全性。由于只能在同一 VLAN 内的端口之间交换数据，不同 VLAN 的端口之间不能直接访问，所以 VLAN 可以限制局域网内不同部门或小组之间的通信，从而提高了信息传输的安全性。

③ 简化网络管理。对于交换式以太网，如果对某些用户重新分配网段，需要网络管理员重新调整网络系统的物理结构，甚至需要追加网络设备，这样会增大网络管理的工作量，而对于采用 VLAN 技术的网络来说，一个 VLAN 可以根据部门职能、对象组或应用将不同地理位置的用户划分为一个逻辑网段，在不改动网络物理连接的情况下，可以任意地改变网段。

VLAN 的类型可以分为静态 VLAN 和动态 VLAN 两种。

① 静态 VLAN：也称为基于端口的 VLAN，是目前最常见的 VLAN 实现方式。静态 VLAN 可指明交换机的某个端口属于哪个 VLAN，需要手动配置，当主机连接到交换机端口上时，主机就被分配到了对应的 VLAN 中。

② 动态 VLAN：动态 VLAN 的实现方法很多，目前最普遍的实现方法是基于 MAC 地址的动态 VLAN。基于 MAC 地址的动态 VLAN，是根据主机的 MAC 地址自动将其指派到指定的 VLAN 中，这种方式的 VLAN 划分最大的优点是，当用户的物理位置移动时，即从一个交换机移动到其他交换机时，其所对应的 VLAN 不会变。

此外，值得注意的是，支持 VLAN 的交换机中，存在以下两种不同的端口属性，其配置将会影响数据的互通。

① 虚拟局域网标识：表示端口能够从交换机内部接受哪些 VLAN 的数据，是端口属性。

② 端口虚拟局域网标识（Port VLAN ID，PVID）：表示端口能够将从交换机外部接受的数据转发到哪个 VLAN，也是端口属性。

在设置 VID 和 PVID 时要保持一致，一个端口可以有多个 VID，但是只能有一个 PVID，并且其 PVID 的值是此端口 VID 值中的一个，否则交换机将不能识别。交换机在接收数据之后，会根据目的 MAC 地址与自身 MAC 表中项的匹配决定如何转发数据帧，数据进入交换机之后，封装了端口的 PVID 值成为数据帧的 VID，交换机将根据 VID 值检查哪些端口的 VID 与它相同；如果相同，则继续比较目的 MAC 与此端口的 MAC 表现是否匹配；如果匹配，则转发数据给这个端口，否则就会将数据帧丢弃。VLAN 链路示意如图 1.9 所示。

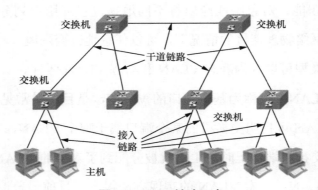

图1.9　VLAN链路示意

在实际组网和应用中，可以将 VLAN 的链路分为接入链路和干道链路。其中，接入链路指的是用于连接主机和交换机的链路。通常情况下，主机并不需要知道自己属于哪些 VLAN，主机的硬件也不一定支持带有 VLAN 标记的帧。主机要求发送和接收的帧都是没有打上标记的帧；干道链路是可以承载多个不同 VLAN 数据的链路。干道链路通常用于交换机间的互连，或者用于交换机和路由器之间的连接。与接入链路不同，干道链路是用来在不同的设备之间（例如交换机和路由器之间、交换机和交换机之间）承载 VLAN 数据的，因此干道链路不属于任何一个具体的 VLAN。通过配置，干道链路可以承载所有的 VLAN 数据，也可以配置为只能传输指定的 VLAN 数据。一般情况下，干道链路上传送的都是带有 VLAN 标签的数据帧，接入链路上传送的都是不带 VLAN 标签的数据帧。

此外，IEEE 802.1Q 还定义了 VLAN 的架构、VLAN 中提供的服务及 VLAN 实施中涉及的协议和算法。

第 2 章

CHAPTER 2

时间敏感
网络概述

时间敏感网络技术通常是指 IEEE 的 TSN 工作组所制定的一系列技术标准。TSN 工作组的前身是音视频桥接（Audio and Video Bridge，AVB）工作组，起初是聚焦于在以太网架构上进行实时音视频传输的标准化工作。2012 年，IEEE 将 AVB 工作组更名为 TSN 工作组，并进一步增加了流量调度、网络配置、资源管理等方面的标准协议，以提升时间敏感网络的低时延、高可靠和传输确定性。工业互联网的深化发展，加速了信息通信技术（Information and Communication Technology，ICT）与生产操控技术（Operation Technology，OT）的融合，时间敏感网络成为一种新兴的工业网络技术，能够为构建智能工厂提供统一、开放的网络架构，能够兼容多种工业网络协议，实现工厂内网业务的统一承载和可靠保障。

因此，本章首先介绍工厂内网中生产网络常用的工业现场总线和工业以太网技术；然后简要分析 TSN 的发展历程、标准体系和产业现状；最后阐述了 TSN 的协议层次和数据帧格式，并简要总结了 TSN 的技术特征。

2.1 工业网络技术基础

工厂内网络主要用于连接工厂内的各种要素，包括人员（例如生产人员、设计人员、外部人员）、机器（例如装备、办公设备）、材料（例如原材料、在制品、制成品）、环境（例如仪表、监测设备）等。从网络技术角度来看，工业内网可分为 OT 网络和 IT 网络两部分。在传统的生产环境中，OT 网络是一套独立的网络，实现生产单元之间的可靠信息交互，采用的网络通信技术有工业总线、工业以太网和工业无线网络等；IT 网络是办公局域网，承载工厂业务系统，采用的技术是以太网和 Wi-Fi。工业互联网中的工业内网将 OT 网络和 IT 网络融合，将两张网合并为一张网，支撑数字化与智能化生产。

2.1.1 工业现场总线

现场总线是安装在生产区域的现场设备 / 仪表与控制室内的自动控制装置 / 系统之间的一种串行、数字式、多点通信的数据总线，是自动化领域中的底层数据通信网络。现场总线技术可使用一条通信电缆将现场设备（智能化、带有通信接口）连接，用数字化通信代替 4 ～ 20mA/24V 直流信号，完成现场设备控制、监测、远程参数化等功能。现场总线的应用不仅简化了系统的结构，还使整个控制系统的设计、安装、投运、检修和维护都大大简化，给工业自动化带来一场深层次的革命，在工业控制领域得到了迅速发展，并且在工业自动化系统中得到了广泛的应用。

现场总线系统既是一个开放的数据通信系统，又是一个可以由现场设备实现完整控制功能的全分布式控制系统。它作为现场设备之间信息沟通交换的纽带，把挂在总线上的网络节点设备连接为实现各种测量控制功能的自动化系统，实现 PID 控制、补偿计算、参数修改、报警、显示、监控、优化及管控一体化等综合自动化功能。因此，现场总线技术是一项以数字通信、计算机网络和自动控制为主要内容的综合技术。

虽然现场总线提出的初衷是实现开放式互联网络，使遵循相同协议的工业设备、控制设备等能够进行标准化对接，但在推进现场总线标准的过程中，呈现出百花齐放、兴盛发展的态势，目前世界上存在的、宣称为开放型现场总线的标准就达到 40 余种，不同的标准在特定的领域有其特点和优势。多种现场总线技术标准的存在，导致难以统一彼此的开放性和互操作性。

当前较为主流的工业现场总线技术主要包括基金会现场总线（Foundation Fieldbus，FF）、过程现场总线（PROcess Field Bus，PROFIBUS）、设备网（DeviceNet）、局部操作网络（LonWorks）等现场总线。

（1）基金会现场总线

基金会现场总线是由 WORLDFIP NA（北美部分，不包括欧洲）和 ISP

Foundation 于 1994 年 6 月联合成立的一个国际性组织，其目标是建立单一的、开放的、可互操作的现场总线国际标准。这个组织给予国际电工委员会（International Electro technical Commission，IEC）现场总线标准起草工作组以强大的支持。目前，这个组织有 100 多成员单位，包括全世界主要的过程控制产品及系统的生产公司。

FF 分为低速 H1 总线和高速以太网（High Speed Ethernet，HSE）总线两部分，分别属于 IEC 标准中的两个标准子集：H1 总线的通信速率为 31.25Kbit/s，通信距离可达 1900m，可支持总线供电；HSE 总线的通信速率为 10Mbit/s 和 100Mbit/s，取代了早期的 H2 总线。

在协议层次方面，FF 由物理层、数据链路层和应用层构成，并在应用层上增加了用户层。FF 提供了一套较完整的控制网络技术，不仅具有数据通信技术，也定义了控制应用功能的规范内容（应用层与用户层），能够构建分布式控制网络系统。

FF 系统是低带宽通信网络，它把具备通信能力，同时具有测量、控制、计算等多功能的现场设备作为网络节点，由 FF 总线互联成为网络系统。通过网络上各个节点的操作参数与数据调用，实现信息共享与系统的各项自动化功能。网络节点具备完善的通信与通信控制能力，通过网络的信息传输与信息共享，可以组成各种复杂的、具有测量、控制、计算等功能的系统，更有效、方便地实现生产过程的安全、稳定和经济运行。

（2）过程现场总线

PROFIBUS 是一种具有广泛应用范围的、开放的数字通信系统，根据应用特点，主要有 PROFIBUS 分布式周边（Decentralized Peripherals，DP）、PROFIBUS 现场总线报文规范（Fieldbus Message Specification，FMS）、PROFIBUS 过程自动化（Process Automation，PA）3 种类型。

PROFIBUS DP 主要用于现场级的主从通信，例如，可编程逻辑控制器（Programmable Logic Controller，PLC）或 PC 和远程 I/O、传动装置、人—机界面等之间的通信。同时，DPv1 补充协议定义了从站之间的直接通信功能，进一步提高了 PROFIBUS 的实时性。PROFIBUS FMS 主要用于主站间的对等通信。PROFIBUS PA 主要用于主站与仪表、变送器等之间的通信，具有本征安全特征。通常 DP 与 PA 结合使用，DP 作为高速的骨干网络，PA 被置于有安全要求的应用区域。

PROFIBUS 支持单主站、多主站系统，主站有对总线的控制权，可主动发送信息。对多主站系统来说，主站之间采用令牌方式传递信息，得到令牌的站点可在一个预定时间内拥有总线控制权，并事先规定令牌在各主站中循环一周的最长时间。按照 PROFIBUS 的通信规范，令牌在主站之间按地址编号顺序沿着上行方向传递。主站通过令牌得到控制权后，按主从方式与从站交互数据，实现点对点通信。主站向所有站点广播消息，或有选择地向一组站点广播，而从站并不需要应答。

PROFIBUS 适合应用于"混合式"工厂内，最具代表性的就是过程工业。除了生产本身的批量或连续工序，分散的上游领域，以及生产末端的下游领域，适用的设备种类包括从简单的开关或通用的 4 ～ 20mA 设备到复杂的过程设备，从驱动器到变频器的安全设备。

（3）设备网

DeviceNet 是一种基于控制器局域网（Controller Area Network，CAN）的通信技术，主要用于构建底层控制网络，是最接近现场的总线类型。它是一种数字化、多点连接的网络，在控制器和 I/O 设备之间实现通信。每一个设备和控制器都是网络上的一个节点。基于设备网技术，能够在车间级的现场设备（传感器、执行器等）和控制设备（PLC、工控机）间建立连接，避免昂贵和烦琐的硬接线。

DeviceNet 技术规范定义了应用层、介质访问单元和传输介质。而数据链路层的逻辑链路控制、媒体访问层和物理层规范则直接应用了 CAN 技术规范，并在 CAN 技术的基础上，沿用了规范所规定的物理层和数据链路层的一部分。

DeviceNet 支持分级通信和报文优先级，可配置成工作在主从模式或基于对等通信的分布式控制结构。DeviceNet 系统支持使用 I/O 和显式报文实现配置和控制的单点连接，还具有独特的性能——支持网络供电。这就允许那些功耗不高的设备可以直接从网络上获取电源，从而减少了接线点。

工业控制网络底层节点相对简单，传输数据量小，但节点数量大，要求节点费用低。DeviceNet 的主要用途是传送与低端设备关联的面向控制的信息，并传送与被控系统间接关联的其他信息（例如配置参数）。

（4）局部操作网络

LonWorks 是一个开放的全分布式监控系统专用网络平台技术，由美国 Echelon 公司提出，于 1990 年正式公布，以其独特的特点成为一种具有强劲实力的现场总线技术。它使用了具有分布控制与通信联网功能的大规模集成的神经元芯片（Neuron Chips）构成各个智能监控节点（Node），通过网络收发器（Tran Receiver）及网络通信媒体将各节点构成全分布式局部操作网络（Local Operating Network，LON），其通信速率从 300bit/s 到 1.5Mbit/s 不等，其通信距离可达到 2700m（不加中继器），支持双绞线、同轴电缆、光纤、射频、红外线、电源线等多种通信介质，被称为通用控制网络。

LonWorks 的核心技术是具有 3 个 8 位的 CPU 神经元芯片，同时具备通信与控制功能，并且固化了 Lontalk 协议，以及 34 种常见的 I/O 控制对象。它采用了 ISO/OSI 模型中完整的 7 层通信协议，采用了面向对象的设计方法，LonWorks 技术将这种方法称为"网络变量"，使网络通信的设计简化为参数设置。这样，不但节省了大量的设计工作量，同时增加了通信的可靠性。

LonWorks 实际上是一种测控网技术，确切地说是一种工控网技术，也叫现场总线技术。它可以方便地实现现场传感器、执行器、仪表等的联网。这种网络不同于局域网，是一种工控网，因为它传输数据量小的监测信息、状态信息和控制信息。

LonWorks 控制网络结构包括网络协议（LonTalk）、网络传输媒体、网络设备（包括智能测控单元即节点、路由器和网关）、执行机构和管理软件（LonTalk 开放式通信协议）五大部分。支持总线型、星型、环型、自由型多种网络拓扑结构，支持主从式、对等式及 Client/ Server 式等信息交互方式。

总之，现场总线技术为工业生产现场机器、设备间的数据交互与控制提供了可靠、互连的通道，仍然是当前现场通信的主力技术。但随着 TCP/IP 的发展，现场总线技术也呈现出了标准不统一、对接难等问题，如何在使用统一的承载协议简化现场网络结构的同时，提供可靠、稳定的现场数据交互，成为工业现场网络通信一直寻求的目标。

2.1.2　工业以太网

随着社会的不断进步，工业自动化系统开始向分布式、智能化的实时控制方向演进，希望工业生产网络也能够基于一个开放的、统一的基础网络架构，从而能够更好地实现设备间的互联互通。这些都要求控制网络使用开放的、透明的通信协议，但是以前的系统无法满足这些要求。随着 TCP/IP 在互联网领域的广泛应用，工业控制领域的共同趋势是使用基于 IEEE 802.3 标准以太网和 TCP/IP 的网络技术，形成新兴的基于以太网的网络控制新方式，因此，工业以太网标准应运而生。

工业以太网源于以太网而又区别于以太网，因为互联网及公众计算机网络采用的以太网技术本身是不适合工业控制高要求和工业环境应用需求的。所谓工业以太网，一般是将在技术上与基于 IEEE 802.3 标准的以太网技术兼容，又针对工业应用采取了技术增强或改进、更加适用于工业场景的工业通信新技术。

工业以太网的主要特点是：实现高速、大数据量的实时稳定传输；支持 Web 功能的集成，从而能够使用户可以通过 HTTP 等方式访问或管理设备；支持对原有总线系统的集成，通过网关方式，实现工业以太网与原有现场总线网络的无缝连接；支持时钟同步技术，提供了 IEEE 1588 时间同步技术，能够为具有同步要求的设备提供高精度时间同步支持。

然而，工业以太网发展之初是希望建立统一的、开放的网络架构，但由于应用领域、技术演进路线等不同，工业以太网也同样陷入了标准之争，例如 EtherCAT、Ethernet/IP、Profinet、Powerlink 等，而且这些网络在不同层次上基于不同的技术和协议，其背后都有不同的厂商在支持，形成了多种工业以太网技术并存的局面。

以太网控制自动化技术（Etherent Control Automation Technology，EtherCAT）是一个基于以太网架构的现场总线系统，最初由德国倍福自动化有限公司研发。EtherCAT 为系统的实时性能和拓扑的灵活性树立了新的标准，同时，它还降低了现场总线的使用成本。它的特点包括高精度设备同步，可选线缆冗余，并满足安全完整性等级（Safety Integrity Level，SIL）3 的要求。

Ethernet/IP 是一个面向工业自动化应用的工业应用层协议。它建立在标准 UDP/IP 与 TCP/IP 之上，利用固定的以太网硬件和软件，为配置、访问和控制工业自动化设备定义了一个应用层协议。

Profinet 由 PROFIBUS 国际组织推出，是新一代基于工业以太网技术的自动化总线标准。作为一项战略性的技术创新，它为自动化通信领域提供了一个完整的网络解决方案，囊括了例如实时以太网、运动控制、分布式自动化、故障安全及网络安全等自动化领域的热点话题，并且作为跨供应商的技术，可以完全兼容工业以太网和现有的现场总线（例如 PROFIBUS）技术，保护现有投资。

Powerlink：融合了以太网和 CAN 总线这两项技术的优点和缺点，即拥有了 Ethernet 的高速、开放性接口，以及 CAN 在工业领域良好的服务数据对象（Service Data Object，SDO）和过程数据对象（Process Data Object，PDO）数据定义，物理层、数据链路层使用了以太网介质，而应用层则保留了原有的 SDO 和 PDO 对象字典的结构。Powerlink 具有开放且独立的标准技术，适用于任何一个以太网硬件产品，支持任何拓扑类型，循环周期仅为 100μs，网络抖动时延小于 1μs，满足实时性和确定性的高标准要求。

2.2　时间敏感网络发展背景

虽然工业以太网的目标是希望构建从现场控制层到工厂业务管理层的统一网络技术，但由于工业以太网标准与通用以太网在协议、技术上存在差异性，难以在同一张网络上同时承载生产控制业务和生产管理业务。随着智能工厂、工业 4.0 等新技术的发展，工业数字孪生、数字驱动的工业应用成为工业智能化的发展方向，如何构建面向生产控制和业务管理的统一网络技术，再度成为工业界关注的焦点，也使时间敏感网络受到了工业界的广泛关注。

本节将从时间敏感网络协议发展过程、标准体系框架、产业发展现状和其应用价值意义角度进行简述，以便让读者对时间敏感网络技术体系的全貌、发展脉络有较为全面的认知。

2.2.1　时间敏感网络协议发展历程

随着工业互联网的深化发展，TSN 逐渐被通信领域和工业领域所关注。

2005 年，IEEE 802.1 成立了 AVB 工作组，制定了在以太网架构上保证音 /视频实时传输的协议集。AVB 对音视频业务的实时性保障性能良好，引起了工业领域的技术组织及企业的关注。

2010 年，IEEE 802.1Qat 为分布式资源预留定义了流预留协议（Stream Reservation Protocol，SRP）。

2011 年，IEEE 802.1AS 时钟同步标准发布，实现了整个系统的统一时间标度。

2012 年，IEEE 将 AVB 工作组更改为 TSN 工作组，在 IEEE 802.1 和 802.3 上开发了时钟同步、流量调度、网络配置等系列标准协议，确保低时延、低抖动、低丢包率，提供确定性传输服务，主要针对工业应用场景，并扩大了 IEEE 802.1Q 网桥特性。

2015 年，TSN 工作组发布了 IEEE 802.1Qbv 时间感知调度整形协议、IEEE 802.1Qca 的路径控制和预留（Path Control and Reservation，PCR）协议、

IEEE 802.1Qcd 的类型长度值（Type Length Value，TLV）标准，其中的时间感知整形协议可划分各个数据流的传输时间，使非时间敏感数据流不再干扰时间敏感数据流的传输。而路径控制和预留机制为数据流的集中配置多条显式路径，即预先为每个数据流定义受保护的路径设置、带宽预留、数据流冗余、流同步及流控制信息等。

2016 年，TSN 工作组发布 IEEE 802.1Qbu 协议，允许高优先级可以抢占低优先级的帧传输机制；发布 IEEE 802.1Qbz 桥接增强技术标准；更新 IEEE 802.1AB 取代 2009 年的版本。

2017 年，为了提高 TSN 的可靠性传输，加强网络对故障的预防及恢复能力，TSN 工作组提出 IEEE 802.1CB 帧复制与删除和 IEEE 802.1Qci 帧过滤与监管协议。同年，TSN 工作组制定了 IEEE 802.1Qch 协议，引进循环排队转发（Cycling Queuing and Forwarding，CQF）机制，以循环方式实现数据帧的交替转发，获得确定的网络时延。

2018 年，TSN 工作组提出 IEEE 802.1Qcc、IEEE 802.1QCM、IEEE 802.1Qcp 协议标准，其中，IEEE 802.1Qcc 提出多种资源管控模式，支持集中式注册与流预留服务，降低预留消息的大小和频率，方便链路状态和预留变更时触发更新，并且可以感知整个网络架构的信息，汇总全局信息到中央节点统一调度，获得最优的传输效率。TSN 标准演进历程如图 2.1 所示。

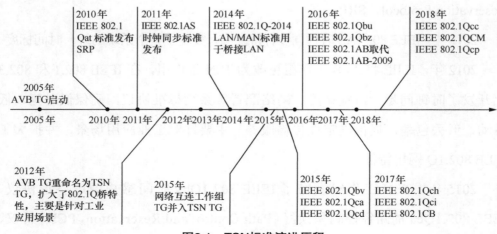

图2.1　TSN标准演进历程

当前，TSN 的标准协议还在制定中，例如，时间同步协议的演进版本 IEEEP 802.1AS-Rev、IEEE 802.1Qcr 异步整形器、IEEEP 802.1Qdd 资源分配协议及多个 TSN 的应用行规都还在制定当中，其技术发展仍然还有较大的标准化空间。

2.2.2　时间敏感网络标准体系框架

TSN 的协议族非常庞大，也非常灵活，可以按需求选择，以满足不同系统在时效性方面的需求。从协议技术能力维度上，TSN 标准体系可以分为时间同步类标准、可靠性保障类标准、有界低时延类标准和资源管理类标准。TSN 基础技术标准体系如图 2.2 所示。TSN 标准较多，其标准的命名规则为：若标题全为大写，则该标准为独立标准；若标题包含小写字母，则标准为修订章节，会定期合并到 IEEE 802.1Q 独立标准中。

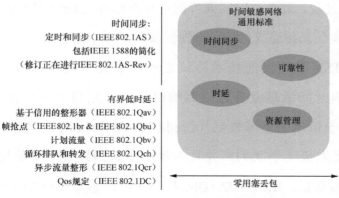

图2.2　TSN基础技术标准体系

时间同步是 TSN 中数据流调度整形的基础，能够提供全局统一时钟信息及节点的参考时钟信息，实现本地时钟的调整和与其他网络节点时钟同步。IEEE 802.1AS 是 TSN 的时间同步协议，在 IEEE 1588v2 协议基础上，细化了 IEEE 1588v2 在桥接局域网中的实现，制定了基于二层网络的通用精确时间协议（generalized Precise Time Protocol，gPTP），通过在主时钟与从时钟之间传递时间事件消息，并通过计算点对点的链路传输时延、驻留时延等信息后完成时间补偿，从而实现两个节点间的高精度时钟同步。目前，IEEE 802.1AS 的演进版本 IEEE P802.1AS-Rev 正在制定中，其为多 gPTP 域间的时间同步提供了新的方法和机制。

可靠性保障类标准协议主要是 TSN 在传输路径建立、冗余路径选择、冗余传输及流管理等方面的研究和策略制定。IEEE 802.1CB 提出了帧复制与删除机制，同一业务流数据分组可以在多条不同链路上传输，由于数据包的复制、删除等操作在 MAC 层完成，所以该操作对上层应用不可见，既提高了数据传输的可靠度，也实现了与其他标准间的兼容性。IEEE 802.1Qca 则是为业务流建立端到端传输路径，并根据业务流资源决策情况进行传输路径沿途节点的带宽预留；IEEE 802.1Qci 提供了流过滤和管制，通过流标识（Stream ID）识别不同业务流，执行预先配置的与业务流相关的资源管控策略，包括数据包大小过滤、流量计量等，负责管理控制并防止恶意流程恶化网络性能，主要为了防止网络攻击和流量过载。此外，时间同步的可靠性标准 IEEE 802.1AS-Rev 为时钟选择和时钟同步信息传递提供了可靠性保障。

时延保障类协议是 TSN 中重要的技术协议之一，定义了同步与异步多种流调度整形器，影响时间敏感业务流端到端时延及时延抖动等性能。IEEE 802.1Qav 提出了基于信用的整形机制（Credit Based Shaping，CBS），将传输的数据分为高低优先级两个队列，并且为每一个队列设置一个信用值，根据队列的信用值传输数据。IEEE 802.1Qbv 提出了时间感知整形（Time Awareness Shaper，TAS）机制，对传输的数据流进行预定义，即利用时分复用的思想对数据流划分时间资源，通过设置不同出口队列门控的值，时间敏感类的高优先级的数据业务可以优先传输，同时隔离了低优先级数据流对高优先级数据传输的干扰。IEEE 802.1Qbr&IEEE 802.1Qbu 提出的帧抢占机制主要是解决低优先级业务对高优先级业务的干扰，进一步降低业务传输的时延。在帧抢占（Frame Preemption，FP）机制中，当高优先业务到来时，可以将正在进行的低优先级业务传输挂起，将时序的调度权给高优先级业务使用，待高优先级业务传输完成后，再恢复中断的低优先级业务传输。IEEE 802.1Qch 引入了循环排队转发机制（CQF），CQF 的数据传输类似"蠕动"，每一个周期往前发送一跳，数据包经过一个交换机的时延范围是确定的，与网络拓扑无关。IEEE 802.1Qcr 提出了异步流量整形机制（Asynchronous Traffic Shaping，ATS），目前还在标准化过程中。ATS 的实现主要由入口处的数据流处理、ATS 调度器、出口队列的 ATS 传输选择策略等主要功能部分组成。

资源管理类协议更多是实施操作层面的标准规范，根据资源管理决策结果对 TSN 交换设备节点实施配置。IEEE 802.1Qat 提出的 SRP 机制是一个分布式 TSN 网络环境下的配置标准。SRP 的主要作用在于建立 AVB 域、注册流路径、制定 AVB 转发规则、计算时延最差情况及为 AVB 流分配带宽。IEEE 802.1Qcp 定义了配置语义的基本框架，即 YANG 模型的语法、语义的规范。IEEE 802.1Qcc 提供了决策与配置的重要网络架构，该协议支持中心化和分布式的 TSN 配置，在完全集中式架构中，网络中由 1 个或多个集中化用户配置中心（Centralized User Configuration，CUC）和 1 个集中化网络配置中心（Centralized Network Configuration，CNC）组成。当接收到来自 CUC 的数据传输需求后，CNC 基于各节点资源能力信息，完成资源决策，并将决策、资源信息配置到相应的交换节点。资源分配协议 IEEE 802.1Qdd 和链路本地注册协议 IEEE 802.1CS 等一些资源管理类的协议还在进一步制定过程中。

除了技术协议，TSN 针对不同行业和场景的应用，还制定了相应的应用行规。

在工业应用领域，IEC 与 IEEE 联合制定 IEC/IEEE 60802 标准，对基于 TSN 的工业自动化的应用场景、模式等问题进行标准化，为 TSN 在工业自动化领域的应用提供技术规范。此外，IEC 62541 还制定了 OPC-UA 与 TSN 的融合方案，解决应用层语义解析的问题，通过一系列的标准机制和规范，实现不同数据和控制命令间的通信，为工业网络中多技术域数据的互联互通提供了统一交互框架。

在面向移动网络的应用方面，IEEE 802.1CM 制定了基于 TSN 的移动前传应用行规，解决了移动前传严格时延和高容量连接问题，根据通用公共无线接口（Common Public Radio Interface，CPRI）和增强型通用公共无线接口（enchanced CPRI，eCPRI）规范分别定义了不同的流量模式以支持不同的移动前传架构。此外，IEEE 1914 工作组制定了 IEEE P1914.1 和 IEEE P1914.3 两个子标准，前者为了满足 5G 前传架构及基带处理单元（Baseband Unit，BBU）导致的与远端射频单元（Remote Radio Unit，RRU）的分离问题，定义了两级下一代前传网络接口（Next Generation Fronthaul Interface，NGFI）；后者为了实现移动前传中 CPRI 数据在以太网中的传输，定义了两种将 CPRI 帧和 RoE 帧映射成为以太网帧的映射器，同时解释了帧头封格式。此外，在 5G 与 TSN 协同方面，3GPP 在 R16 版本中将 TSN 功能引入 5G 系统，在 5G 网络两端引入了支持 IEEE 802.1Qbv、IEEE 802.1AS、IEEE 802.1Qci 等协议的网络侧与终端侧 TSN 转换网关，使 5G 网络在超高可靠、低时延连接能力的基础上，增加了数据传输的确定性能力。

在车辆和电力领域，TSN 也开展了相应的标准化工作，以指导车载以太网、电力保护等领域更好地应用 TSN 技术。IEEE P802.1DG 拟解决基于 TSN 的列车 / 车辆内网络的模型建立及应用问题，分析和改进现有的 E/E 架构，同时详细分析 TSN 在车辆内以太网通信模型中的应用。IEC TR61850-90-13 标准化了 TSN 在智能电网中的应用问题，研究 TSN 在智能电网中应用的可行性和技术方案，包括变电站内部信号处理流程及总线通信方式，规范了变电站内部通信的要求。

总而言之，TSN 涉及众多标准协议，随着应用领域、应用模式的不断深入，TSN 的相关规范协议也将会进一步完善、改进和深化。TSN 并非必须支持所有的标准协议，而是根据应用场景、技术要求选择相应的协议进行配置。因此，对于 TSN 功能的理解，需要区分关键核心基础协议和其他功能协议，将协议视作 TSN 的一个个"组件"，IEEE 802.1AS、IEEE 802.1Qbv 等基础技术协议是"关键组件"，是构建 TSN 的必选项，而其他功能协议则作为"附加组件"，最终根据应用的需求搭建、集成了一个包含多个协议的 TSN 组网及应用模型。

2.2.3　时间敏感网络产业发展现状

当前，将 TSN 作为工业互联网的基础网络关键技术已经成为工业与信息领域的基本共识。虽然 TSN 的部分标准还处于制定中，但时间同步、流量整形、流过滤和管理等协议族已经基本完备，具备了产品化的基本条件。当前，主流工业网络设备厂商纷纷进入产品研发阶段或已经推出相应的 TSN 交换机产品。

从目前的发展来看，TSN 的产业发展囊括了 IT、CT 及 OT 领域的众多龙头企业，在芯片、交换机设备、终端设备等多个方面开展了 TSN 功能的产品研发，部分企业已经推出了商用化产品，众多工业企业、汽车厂商等对 TSN 的应用表现出极大兴趣。目前，ADI、TTTech、博通等芯片厂商已经开展了 TSN 交换机芯片的研发，并为部分厂商提供商用芯片。在网络设备厂商方面，摩莎（MOXA）、新华三、思科、华为、东土科技等厂商都已经开展了产品研发，并已有支持 TSN 的交换机设备上市。在支持 TSN 的终端方面，西门子、贝加莱、三菱、美国国家仪器有限公司（National Instruments，NI）等已经开展现有工业协议对 TSN 功能的方案研发，并已有部分支持 TSN 的终端产品出现，例如 CClink 已经推出了支持 TSN 的终端设备，但目前支持 TSN 的工业终端设备种类较少，产业链还有待进一步完善。在应用方面，德国工业机器人巨头 KUKA、三星哈曼、宝马、通用汽车、现代汽车等企业都对 TSN 在工业和汽车领域的应用表现出极大兴趣。

此外，工业组织和工业厂商也积极探索 TSN 在本行业中的应用，积极搭建测试演示平台。在 2018 年德国汉诺威的工业博览会上，Avnu 联盟、工业互联网产业联盟（Alliance of Industrial Internet，AII）、边缘计算产业联盟（Edge Computing Consortium，ECC）、华为、国家仪器公司、贝加莱、TTTech 等 20 余家知名联盟和厂商发布了 TSN+OPC UA 的智能制造测试床。测试床融合了 TSN 技术和 OPC UA 标准，能够实现预测性维护网络、马达同步、绘图运动控制和 OPC UA over TSN 等场景。

TSN 目前还处于产业化发展的早期，其产业链和应用生态还处于探索阶段，目前在汽车、电力等领域都表现出极大的应用潜力。在工业领域，随着工业数字孪生、工业物联应用、全产业链数字驱动应用及云化控制等新应用、新模式在工业领域的深化发展，实现工业全过程、全环节的数据全域采集需求进一步增加，凸显了 TSN 统一架构、多业务统一承载的优势，加速了 TSN 在工业场景的应用进程。

2.3 时间敏感网络基础知识

TSN 是在标准以太网和虚拟桥接局域网基础上提出的一系列增强协议，能够为高优先级业务提供低时延、高可靠和有界时延抖动，这些协议都是对 TSN 数据帧进行管理和操作。因此，本节将介绍 OSI 参考模型角度对 TSN 协议的定位、TSN 帧结构和 TSN 的总体技术特征，以期让读者能够在深入了解和探索 TSN 机制流程时有更全局的认识。

2.3.1 时间敏感网络协议层次

TSN 是在 IEEE 802.3 标准以太网基础上进行的协议增强。TSN 在 OSI 参考模型中的位置如图 2.3 所示，从 OSI 参考模型角度来看，TSN 协议是数据链路层的协议增强，主要增强了数据链路层的资源管理、数据帧处理和流管理等策略。

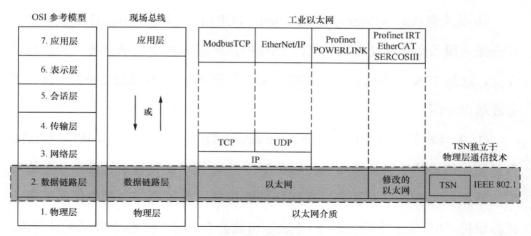

图2.3　TSN在OSI参考模型中的位置

从图 2.3 可以看出，TSN 是一种独立于物理层的通信技术，其定义了独特的数据链路层功能，包括流管理、过滤、配置、入口和出口队列管理等一系列数据链路层的协议增强，能够进行差异化的 QoS 管理，能够在多业务统一承载下对高优先级业务提供严格的 QoS 保障。

2.3.2　时间敏感网络数据帧格式

TSN 的数据帧结构符合 IEEE 802.1Q 提出的 VLAN 数据帧结构，也是在标准以太网帧中插入 4 字节的 VLAN 标签（VLAN Tag），但在 VLAN 标签中的字段定义和普通的 VLAN 存在一些差别。TSN 的数据帧结构如图 2.4 所示。

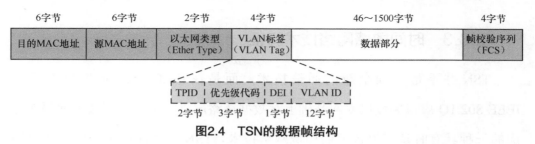

图2.4　TSN的数据帧结构

① TPID：该字段域与 IEEE 802.1Q 数据帧对应字段长度和标记的意义完全相同。

② 优先级代码（Priority Code Point，PCP）：与 IEEE 802.1Q 数据帧中的优先级字段长度和意义相同。但在 TSN 中，对相应 PCP 值的业务类型进行了定义，这是 TSN 差异化 QoS 控制的基础。不同 PCP 值对应的业务类型将在下面段落中介绍。

③ 丢弃标识符（Drop Eligible Indicator，DEI）：1 字节，与 IEEE 802.1Q 数据帧中的 CFI 字段长度相同。但在 TSN 中，该标识符表示该类型业务流对应的数据帧是否能够被丢弃，在网络拥塞控制、流过滤等过程中使用。对于该标识符，"0" 表示不可丢弃，"1" 表示可被丢弃。对于低 QoS 要求的业务流，该标识符可置位，以确保高优先级业务的 QoS。

④ VID：该字段与 IEEE 802.1Q 数据帧中相应字段的长度和定义相同。

值得注意的是，对于 TSN 中的优先级代码，根据优先级代码由低到高（0 ～ 7），对应的业务类型为：尽力而为型业务流（Best Effort，PCP=0）、背景业务流（Background，PCP=1）、卓越努力型业务流（Excellent Effort，PCP=2）、关键应用流（Critical Applications，PCP=3）、时延和抖动小于 100ms 的视频业务流（Video<100ms，PCP=4）、时延抖动小于 10ms 的音频业务流（Voice<10ms，PCP=5）、互联控制类业务流（Internetwork Control，PCP=6）、控制类数据流（Control-data Traffic，PCP=7）。PCP 的值会根据不同的应用场景设置不同的值，该值是后续数据调度、策略配置中参考的一个业务特性指标。

2.3.3　时间敏感网络技术特征

TSN 并不是一项全新的通信技术，而是在 IEEE 802.3 标准以太网及 IEEE 802.1Q 虚拟局域以太网基础上对数据链路层进行了一系列技术增强而形成的一种具有时延有界特征的局域网络技术。TSN 的功能由多个标准协议制定，在时间同步、流量管理、调度整形、网络配置等各方面提供了灵活的技术组合方案，从而使其具有多业务统一承载性能，并且能够为高要求的工业控制业务提供低时延、高可靠及时延有界性保障，即确定性传输特征。

设备间的高精度时间同步是 TSN 的基础。TSN 中数据收发节点、网桥设备等需要在同一时间尺度上，才能保证发送时间、门控时间等的准确性和可靠性，实现数据在网络中"基于精准时间"的转发。

时延有界性是 TSN 的首要特征。基于 IEEE 802.1Qbv 提出的时间感知整形机制或 IEEE 802.1Qcr 提出的循环排队转发整形机制，TSN 发送节点、网桥节点能够通过门控列表管理和控制数据包的发送时间，门控列表是周期性执行的，因此能够控制每个数据包的传输时延抖动在一个相对固定的范围内，保证其端到端时延的稳定性，实现时延有界性。因此，我们也经常称 TSN 具有业务确定性传输特征。"时延有界性"是"确定性"的一个重要特征。

高可靠性是 TSN 的重要特征之一。一方面，TSN 基于 IEEE 802.3 标准以太网，其信道传输条件相对稳定，不易引起数据帧的丢失和比特错误；另一方面，TSN 引入了帧复制与删除等主动冗余策略，提升了数据传输的可靠性，做到数据传输的"不丢失、不重复和不失序"，保证了 TSN 对上层应用的"可靠交付"。因此，高可靠性也是"确定性"的另一个重要特征。

区分业务的 QoS 保障是 TSN 的关键技术特征，是 TSN 实现多业务统一承载的资源保障。TSN 采用了每流过滤和监管策略，在入口处过滤每一条业务流，根据其业务流标识匹配管理策略和数据包特性，保证不同类型、不同优先级的业务流能够采用不同的管理策略；在出口处进行门控管理和流量计量，能够针对不同业务保障资源分配、流量控制等，从而使 TSN 能够在统一网络架构下实现多业务的共同承载，并保障工业控制等高优先级的 QoS 要求。

开放与统一是 TSN 的一项重要特征，也是 TSN 被工业领域内众多参与者所关注的重要驱动力。时间敏感网络各项关键机制由 IEEE 提供标准化支撑，能够兼容其他基于以太网的工业技术，从而很好地与现有工业现场协议和工业网络协同和融合，为工厂、车载、电力等行业中多样化数据的传输提供统一的承载网络，符合 IT 与 OT 深度融合的需求。

第 3 章

CHAPTER 3

时间敏感网络时间同步技术

时间同步是保障通信网络有序运行的关键技术，在收发设备间保持严格的时间同步，可避免失步带来的帧间干扰，保证实时准确、高效可靠地传输数据。然而，在 TSN 中，传统通信网络中的时间同步精度不能满足其端到端数据确定性、低时延转发的需求，需要更高精度的时间同步机制。高精度时间同步是 TSN 实现"时间感知"和时延有界性的基础，只有当网络中的终端节点、网络设备都统一到同一个时间基准下，才能实现基于精准时间的转发、调度和控制。

因此，本章首先概述 TSN 采用的时间同步技术；然后简要介绍了时间同步的原理及当前通信网络中常见的时间同步协议；最后重点阐述 TSN 采用的时间同步协议 IEEE 802.1AS，例如协议的原理和运行过程，并介绍增强了 IEEE 802.1AS 安全性和可靠性的 IEEE 802.1AS-Rev 协议。

3.1 TSN 时间同步概述

TSN 技术与传统的 IEEE 802.3 标准以太网和 IEEE 802.1Q 桥接以太网技术相比，时间同步的作用显得更重要。为实现具有严格确定性时限的实时通信，TSN 要求网络中的所有设备具备共同的时间参考信号，这就需要网络中所有节点（包括工业控制器、机器人等终端设备和交换机等网络设备）的时钟严格同步。通过时间同步，所有的网络设备都处于同样的时间基准，按照时间触发的方式在预定的准确时间点按需执行相应的数据转发操作。

TSN 所要求的高精度全网时间同步可以通过多种技术手段实现。例如，可以为每个终端设备和网络交换机配备全球定位系统（Global Positioning System，GPS）时钟，但这样做成本太高，而且设备可能部署在室内，不能保证每个端点设备都可以获得卫星信号。为此，TSN 采用的方案是通过网络自身进行时间参考信号传递，实现各网络节点都与一个中央时钟源实现时间同步。这种通过网络分发时钟信号进行时间同步的方案，通常采用 IEEE 1588 精确时间协议（Precision Time Protocol，PTP）来实现，利用以太网帧在网络中分发时间同步信息。基于 IEEE 1588 规范，IEEE 802.1 TSN 工作组进一步制定了 IEEE 1588 在 TSN 中使用的行规，即 IEEE 802.1AS 协议。该行规缩减了 IEEE 1588 协议中定义的大量选项，使其更适用于汽车或工业自动化场景。

IEEE 802.1AS-2011 协议所定义的 gPTP 行规，作为 IEEE 1588 协议的众多行规文件之一，实现了 IEEE 1588 同步架构进一步的通用化，使 PTP 不再仅限于应用在标准以太网中。

针对数据处理与传输路径带来的时延，gPTP 规定测量每个网桥内的帧驻留时间（包括从网桥入口到出口所经历的端口接收、处理、排队和传输时间信息所需的时间）和每一跳的链路时延（即数据在两个相邻网桥之间链路上的传播时延）。然后，TSN 将根据所计算出的时延信息，确定网络中的最优主时钟（Grand Master clock，GM），同时得到以 GM 为根节点且包含所有与之同步的端设备的时钟生成树，采用"主—从"方式逐跳实现设备间的时间同步。而网络中任何不具备 gPTP 时间同步能力的设备都将被排除在 TSN 时间域之外。

TSN 时间同步精度主要取决于系统对于链路时延和帧驻留时间的精确测量。IEEE 802.1AS-2020 版本还引入了进一步提高时间测量精度的方法和支持多时间域冗余方案，将在 3.3 节详细介绍。

3.2　时间同步技术基础

为更好地理解 TSN 中的时间同步机制，本节将重点介绍时间同步的基本概念，并阐述当前通信网络及工业以太网中常用的网络时间协议（Network Time Protocol，NTP）和 IEEE 1588 所定义的 PTP。

3.2.1 时间同步的基本概念

一般情况下，时间同步是指两个或两个以上信号之间，在频率或相位上保持某种特定关系，即两个或两个以上信号在相对应的有效瞬间，其相位差或频率差保持在约定的允许范围之内。

频率同步是指两个信号的变化频率相同或保持固定的比例，信号之间保持恒定的相位差。频率同步示意如图 3.1 所示。虽然两个时钟指示的具体时间不同，但两个时钟始终保持着相同的频率运行，因此，频率同步有时也被称为时间同步。

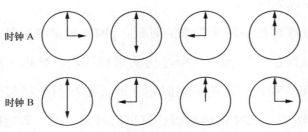

图3.1　频率同步示意

相位同步是指信号之间的频率、相位都保持一致，即信号之间相位差恒定为 0。相位同步示意如图 3.2 所示。两个时钟每时每刻的具体时间都保持一致。因此，相位同步也被称为时间同步。

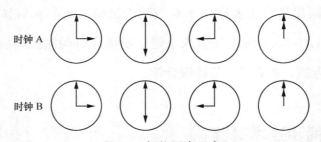

图3.2　相位同步示意

在通信网络中，为了实现设备间的时间同步，通常有两类方法，一类是在不同设备间引入同一外部时钟源，另一类是通过时间同步协议实现时钟 / 时间消息在网络中的传递。表 3.1 中将几种常用的时间同步方案及其特点进行了对比，包括 GPS、北斗导航卫星系统（BeiDou navigation Satellite System，BDS）、同步以太网（Synchronous Ethernet，SyncE）、NTP 和 PTP。常用的时间同步方案对比见表 3.1。

表 3.1　常用的时间同步方案对比

时间同步方案	频率同步	相位同步	时间同步精度	特点
GPS	支持	支持	<100ns	通过电磁波携带频率和相位信息，实现时间同步。依赖于 GPS 技术，使用低频信号，信号穿透性强，可实现高精度三维定速定时
BDS	支持	支持	20 ～ 100ns	通过电磁波携带频率和相位信息，实现时间同步。北斗单向卫星授时精度 100ns，双向卫星授时精度可做到 20ns
SyncE	支持	不支持	不支持时间同步	基于物理层码流携带和恢复频率信息的同步技术，能实现网络设备间高精度的频率同步，满足无线接入业务对频率同步的要求
NTP	不支持	支持	毫秒级	通过对网络报文打时间戳，测量往返报文传输路径时延，实现时间同步，但不能满足无线接入网等微秒级的时间同步精度要求
PTP	支持	支持	亚微秒级（可低至数十纳秒）	通过 PTP 报文传输频率和相位信息，配合硬件实现高精度的时间同步

对于通信、现代工业控制等领域而言，大部分任务都具有时序性要求，时间同步可以使整个网络中不同设备之间的频率和相位差保持在合理的误差范围内。在一定程度上说，精准时间同步是通信网络的基础性标准。尤其对于 TSN 而言，必须解决网络中的时间同步问题，才能确保整个网络的任务调度具有高度一致性。

无线接入业务对时间同步的要求最高，它要求无线基站之间的频率必须同步在一定精度之内，否则手机在进行基站切换时就容易掉线，严重时还会导致手机无法联网。随着 5G 技术的发展，载波聚合、多点协同、5G 超短帧结构、高精度定位和大规模天线阵列等新技术的应用，基站与无线终端间、基站与基站间的时间同步精度要求越来越高。

以太网是当前使用最广泛的局域网，通用以太网是以非同步的方式工作的，网络中的任何设备都可以随时发送数据，通过数据链路层的 CSMA/CA 或 CSMA/CD 机制避免传输冲突。因此，通用以太网在服务质量上只能是尽力而为的，无法实现数据传输时间上的精准和确定。此外，网络负载的不断增加，可能会造成网络拥塞，并最终导致网络瘫痪。

随着信息通信技术向工业领域或物联网领域的延展，通信主体不再仅限于人与人或是人与物，以物与物为实体的通信业务需求日趋增加，例如自动驾驶、工业自动化控制等，对数据的低时延、有序性及可靠性要求也越来越高。由于 TCP/IP 的广泛应用，大量基于传统以太网的工业通信协议被提出，例如 HSE、Profinet、EtherCAT 等，以满足工业业务实时通信的需求。该类协议实现了基于以太网的精准时间同步，它可以从线路上恢复时钟信号，或者从外部时钟接口输入时钟信号，然后通过以太网把频率向下游网络传递下去，但由于不同协议之间的兼容性低，阻碍了实时网络的互通性。

3.2.2　网络时间协议

NTP 是从时间协议和互联网控制报文协议（Internet Control Message Protocol，ICMP）时间戳报文演变而来的。NTP 是由国际互联网工程任务组（the Internet Engineering Task Force，IETF）RFC 1305 定义的，在准确性和鲁棒性方面进行了特殊的设计，用来在分布式时间服务器和客户端之间同步时间，采用软件方式将计算机的时间同步到协调世界时（Universal Time Coordinated，UTC）。

NTP 基于 UDP 报文进行传输，使用的 UDP 端口号为 123。NTP 采用了客户端 / 服务器（Client/Server，C/S）结构和分层的方法定义时钟准确性，具有相当高的灵活性，充分考虑了互联网上时间同步的复杂性，可以适应各种网络环境，不仅能够校正现行时间，还能持续跟踪时间的变化，能够自动进行调节，即使网络发生故障，也能维持时间的稳定。

NTP 产生的网络开销非常少，并具有保证网络安全的应对措施，这些措施使 NTP 可以在互联网上获取可靠和精确的时间同步，使 NTP 成为互联网上公认的时间同步工具。目前，在通常的环境下，NTP 提供的时间精确度在广域网上为数十毫秒，在局域网上则为亚毫秒级或者更高，在专用的时间服务器上，精确度更高，理论上同步精度可达 10^{-10} s。NTP 的总体架构如图 3.3 所示。

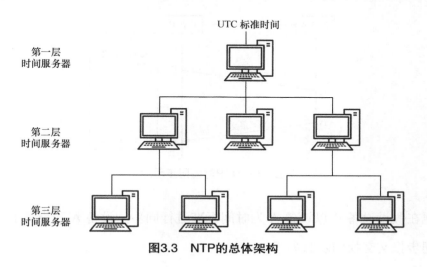

图3.3　NTP的总体架构

从图 3.3 中可以看出，NTP 采用了分层的方式，从 UTC 获取标准时间后，NTP 服务器分层提供时间服务，NTP 服务器采用时钟过滤、时钟选择等算法，估计本地时钟和时间服务器的误差，选择时间的最佳路径和来源，实现本地时间和上一级服务器时间的同步。在 NTP 的总体架构中，服务器和客户端的概念是相对而言的，提供时间标准的设备被称为时间服务器，接收时间同步的设备被称为客户端。NTP 时间服务器时间校正示意如图 3.4 所示。

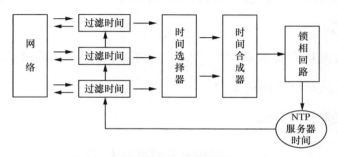

图3.4　NTP时间服务器时间校正示意

NTP 属于应用层协议，传输层和网络层分别基于 UDP 和 IP，可以选择采用单播、广播或组播发送协议报文。

NTP 时间同步示意如图 3.5 所示。设备 A 和设备 B 通过网线、交换机或者路由器相连，设备 A 和设备 B 的时间不同步。

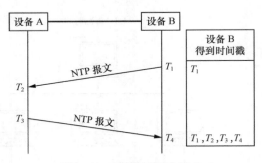

图3.5　NTP时间同步示意

现在假设设备 B 以设备 A 为时间标准进行同步，设备 A 和设备 B 的 NTP 时间同步报文交换的步骤如下。

① 设备 B 发送一个 NTP 报文给设备 A，报文包含了它离开设备 B 时刻的时间戳信息，填充 *Originate Timestamp* 字段，记作 T_1。

② 当此报文到达设备 A 时，设备 A 会记录到达的时间戳 T_2，并将时间戳信息封装到该 NTP 报文的 *Receive Timestamp* 字段中。

③ 当此 NTP 报文从设备 A 发送到设备 B 的时候，设备 A 会再次将发送时间戳封装到报文中，填充 *Transmit Timestamp* 字段，记作 T_3。

④ 当设备 B 最后接收到该服务器设备 A 的响应报文时，此时设备 B 的本地时间记作 T_4。

至此，根据从设备 B 获得的 T_1、T_2、T_3、T_4 共 4 个时间戳信息，可以计算出路径时延和主从时钟之间的偏差。

NTP 路径时延（Delay）：

$$\text{Delay}=(T_4-T_1)-(T_3-T_2) \qquad 式（3-1）$$

A、B 设备偏差（Offset）：

$$\text{Offset}=\frac{(T_2-T_1)+(T_3-T_4)}{2}$$ 式（3-2）

设备 B 不断地和设备 A 进行报文交换，根据计算出的时钟偏差值不断校正本地时钟，使时间同步到服务器的标准时间上。

NTP 在大部分的计算机网络中起着同步系统时间的作用，其精度在局域网内可达到 0.1ms，在互联网绝大部分场景中其精度可以达到 1 ～ 50ms，误差主要来源于两个方面：一方面，由于 NTP 在应用层记录时间戳，受系统协议栈缓存、处理时延和任务调度等影响，无法在网络报文到来时立刻加时间戳；另一方面，各种网络中间传输设备带来的传输时延不确定性及链路的不对称性会进一步降低 NTP 的时间同步精度。

3.2.3　精准时间协议

NTP 虽然可以校正网络中的时间，但仍然无法满足工业控制与测量仪器领域的同步要求，而且，NTP 时间分发架构中，越靠近末梢，其时间分发精度越低。为了进一步提高以太网设备间的定时同步能力，2000 年，网络精密时钟同步委员会成立，并于 2001 年在 IEEE 仪器和测量委员会的支持下起草了 IEEE 1588 协议标准，即 "网络测量和控制系统的精密时钟同步协议标准"（*IEEE 1588 Precision Clock Synchronization Protocol*），简称精准时间协议（PTP）。

PTP 分为 IEEE 1588v1（2002 年发布）和 IEEE 1588v2（2008 年发布）两个版本。IEEE 1588v1 只能达到亚毫秒级的时间同步精度，而 IEEE 1588v2 可以达到亚微秒级的时间同步精度。由于 IEEE 1588v2 适用性更广、精度更高，在当前的通信网络应用中，IEEE 1588v2 已基本取代 IEEE 1588v1。

PTP 适用于任何多点通信的分布式控制系统，对于采用多播技术的终端时钟可实现亚微秒级同步。PTP 的核心在于两点：一是在一个网络内如何选择最佳的主时钟，二是网络内的从时钟如何与主时钟保持同步。

（1）PTP 基本概念

PTP 时间同步的方式主要是"主—从"同步，从站节点向主站节点获取时钟信息，并保持与主站节点的时钟同步，应用了 PTP 的网络被称为 PTP 域。PTP 域内有且仅有一个同步主时钟，域内的所有设备都与该时钟保持同步。在同一个网络内，可以有一个 PTP 域，也可以有多个 PTP 域。

PTP 有事件报文（*Event Message*）和一般报文（*General Message*）两种报文类型。

① 事件报文是时间相关的消息，进出设备端口需要加盖精确的时间戳，包括同步报文（*Sync*）、端到端时延请求报文（*Delay_Req*）、点到点时延请求报文（*Pdelay_Req*）和点到点时延响应报文（*Pdelay_Resp*），这些时间戳用来计算设备间的链路时延和时间偏差。

② 一般报文没有时间标签，主要用于传递其他消息的发送时间标签、系统状态及管理信息，包括：用于广播发送节点和主时钟状态及特征信息的 *Announce* 报文，用于传送 *Sync* 消息发送时间的 *Follow_Up* 报文，时延应答报文 *Delay_Resp*，用于传送 "*Pdelay_Resp*" 发送时间的 *Pdelay_Resp_Follow_Up* 报文，用于管理时钟设备信息的 *Management* 报文，在不同时钟之间传送信息、请求及命令的信令（*Signaling*）报文。

PTP 域中的节点被称为时钟节点，PTP 定义了 3 种类型的基本时钟节点。

① 普通时钟（Ordinary Clock，OC）：该时钟节点在同一个 PTP 域内只有一个 PTP 端口参与时间同步，通过该端口与上游时钟节点同步时间。普通时钟可以作为时间源，作为网络中的主时钟来同步其他从时钟，或可以作为从时钟，通过内部控制环路与主时钟同步。

② 边界时钟（Boundary Clock，BC）：该时钟节点在同一个 PTP 域内拥有多个 PTP 端口参与时间同步。它通过其中一个端口从上游时钟节点同步时

间，接收上级节点的同步信息，计算同步时间并校正本地时钟，并通过其余端口向下游时钟节点发布时间，使下一级节点与其本地时间保持同步。它可以作为时间源，即主时钟，或者可以与另一个时钟同步，即从时钟。对于一个边界时钟来说，其所有端口都共用时钟数据集与本地时钟信息，且每个端口都具有独立的协议引擎用于判断端口的状态，从而决定同步报文的接收端口与发送端口。对于非同步报文来说，边界时钟一般就是网桥、交换机或者路由器等。

③ 透明时钟（Transparent Clock，TC）：一种测量 PTP 事件消息通过设备所用时间的设备，并将此信息提供给接收此 PTP 事件消息的时钟。与 BC/OC 不同，透明时钟不进行本地时钟校正，也不需要与其他时钟节点保持时间同步。透明时钟又分为端到端透明时钟（End-to-End Transparent Clock，E2ETC）和点到点透明时钟（Peer-to-Peer Transparent Clock，P2PTC）：E2ETC 直接转发网络中非 P2P 类型的协议报文，并参与计算整条链路的时延；P2PTC 直接转发 *Sync* 报文、*Follow_Up* 报文和 *Announce* 报文，并参与计算整条链路上每一段链路的时延。

PTP 域中时钟节点组网及不同端口间连接示意如图 3.6 所示。

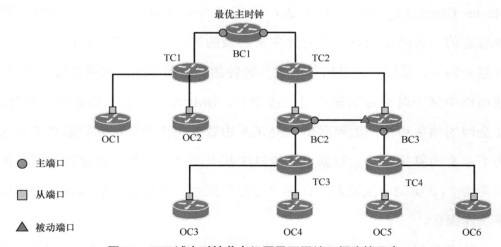

图3.6　PTP域中时钟节点组网及不同端口间连接示意

PTP 还针对设备的不同端口进行了定义，PTP 端口可以分为：主端口（Master Port），即发布同步时间的端口，可存在于 BC 或 OC 上；从端口（Slave Port），即接收同步时间的端口，可存在于 BC 或 OC 上；被动端口（Passive Port），既不接受同步时间，也不对外发布同步时间的端口，只存在于 BC 上。

（2）PTP 域中的最优时钟选择

在 PTP 域中，所有的时钟节点类型（透明时钟节点除外）通过主从关系形成一定的层次组织。主从关系包括各时钟节点之间的主从关系及各时钟节点上接口的主从关系，主从关系决定了 PTP 时间同步的方向。在 PTP 域中，设备间的"主—从"关系是相对而言的，对于相互同步的一对时钟节点而言，其主从关系为：发布同步时间的节点为主节点，接收同步时间的节点为从节点；主节点上的时钟为主时钟，从节点上的时钟为从时钟；发布同步时间的端口为主端口，接收同步时间的端口为从端口。

在 PTP 时钟节点分层组网架构中，整个域的参考时间就是 GM，即最高层次的时钟。通过各时钟节点间 PTP 报文的交互，PTP 域中所有节点的时间最终都将同步到 GM 的时间上，因此也称其为时钟源。

可以通过手动配置静态地指定 GM，也可以通过最优主时钟算法（Best Master Clock Algorithm，BMCA）动态选举。BMCA 是 IEEE 1588v2 协议规定的一种确定网络中各时钟主从层级的算法。这种算法将网络中的时钟划分为主、从时钟，从时钟跟踪主时钟的频率和时间。在网络发生变化，或网络中某个时钟源的属性发生改变时，BMCA 能重新选择最优主时钟，使全网的频率和相位达到同步。BMCA 由数据集比较算法和状态决策算法两个独立的算法组成。数据集比较算法基于成对节点的属性比较，明确地在两个 PTP 实例中选取其一作为"更好"或"拓扑更好"的时钟，考虑以下属性因素。

① 优先级 1：用户可配置 PTP 实例，取值范围是 0 ～ 255，取值越小优先级越高。

② 时钟类别：定义了国际原子时（International Atomic Time，TAI）可追溯性、同步状态及边界时钟或普通时钟分配的时间或频率的预期性能。

③ 时钟精度：定义 PTP 实例的本地时钟精度的属性，取值越低精确度越高。

④ *OffsetScaledLogVariance*：定义 PTP 实例的本地时钟稳定性的属性。

⑤ 优先级 2：用户可配置的名称，在其他等效的 PTP 实例之间提供更细粒度的排序，取值范围是 0 ～ 255，取值越小优先级越高。

⑥ 时钟标识：基于不同 PTP 节点上 PTP 实例的唯一标识符的决胜局。

在选择过程中采取的优先级排序方式是优先级 1> 时钟类别 > 时钟精度 > *OffsetScaledLogVariance* > 优先级 2，即先比较参选时间源的优先级 1，若优先级 1 相同，则比较时钟类别，以此类推。优先级高、级别高、精度好的时钟成为最优主时钟。

状态决策算法则根据数据集比较算法的结果及 PTP 实例的时钟类别是否小于 128，然后 PTP 端口的协议引擎根据协议状态机的当前状态评估此推荐状态，以确定实际的下一个 PTP 端口状态。

主节点定期发送 *Announce* 报文给从节点，如果在一段时间内，从节点没有收到主节点发来的 *Announce* 报文，就认为该主节点失效，重新选举最优主时钟。

（3）PTP 同步原理

在 PTP 域中，其同步是通过测量网络中的往返时延，并根据该时延校准本地时钟与上一级时钟的偏差，从而完成与主时钟的同步，其具体原理为：主、从时钟之间交互同步报文并记录报文的收发时间，通过计算报文在网络链路上的往返时间差来计算主、从时钟之间的往返总时延，根据该时延情况测量和计算主—从时钟的时间偏差。从时钟按照该偏差来调整本地时间，就可以实现其与主时钟的同步，即：从时钟本地准确时间＝从时钟本地当前时间 − 时间偏差。

测量和计算时间偏差的过程包括以下两个阶段。

① 链路时延测量阶段：该阶段用于确定主时钟与从时钟之间报文传输的时延。主、从时钟之间交互同步报文并记录报文的收发时间，通过计算报文往返的时间差来计算主、从时钟之间的往返总链路时延。如果两个方向的链路时延相同（也被称为网络对称），则往返总链路时延的一半就是单向链路时延。如果网络时延不对称且通过其他方式获知了报文发送方向和接收方向的链路时延差，就可以通过配置非对称时延来校正链路时延，从而更精确地进行时间同步。

② 时间偏差测量阶段：该阶段用于测量主时钟与从时钟之间的时间偏差。主时钟按周期向从时钟发送 $Sync$ 报文，并记录它的发送时间 T_n'。从时钟接收到报文时立刻把当前时刻 T_n 记下，于是得到主从时钟的"时间偏差 $=(T_n-T_n')-$ 单向链路时延"。PTP 时间同步过程示意如图 3.7 所示。

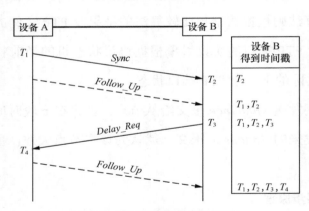

图3.7　PTP时间同步过程示意

PTP 定义了端到端时延请求应答机制（End-to-end delay request-response mechanism）和点到点时延机制（Peer-to-peer delay mechanism）两种传播时延测量机制，这两种机制都是以网络上下行链路的时延对称性为前提的。链路的对称性是指请求和应答都是基于同样的一个通信通道，对两个方向的通信时延性能影响是一致的，链路的时延对称性示意如图 3.8 所示。

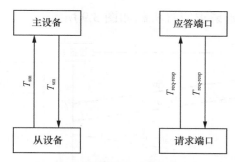

图3.8　链路的时延对称性示意

如果 PTP 端口配置为使用时延请求应答机制，则 meanDelay 应为规定的 **meanPathDelay**；如果 PTP 端口配置为使用端到端时延机制，则 meanDelay 应为指定的 **meanLinkDelay**。

$$meanPathDelay = \frac{(T_{sm} + T_{ms})}{2} \qquad 式（3-3）$$

$$meanLinkDelay = \frac{(T_{resp\text{-}to\text{-}req} + T_{req\text{-}to\text{-}resp})}{2} \qquad 式（3-4）$$

PTP 域中所有时钟节点使用的链路时延测量机制必须相同，对于时钟节点类型全为 BC 和 OC 的 PTP 网络，使用端到端时延请求应答机制和点到点时延机制基本没有差别。这两种机制的差别主要体现在使用透明时钟 TC 的 PTP 域中。当使用 E2ETC 时，需配套使用端到端时延请求应答机制；当使用 P2PTC 时，需配套使用点到点时延测量机制。

根据主时钟是否发送跟随（**Follow_Up**）报文，时间同步模式又分为单步模式和双步模式。在单步模式下，同步（**Sync**）报文的发送时间戳由其自身报文携带，不发送跟随报文；在双步模式下，同步报文的发送时间戳由跟随报文携带。双步模式发送的时间戳是报文的实际发送时间，因此双步模式比单步模式更准确，能提高 PTP 时间同步的精度。

时延请求应答机制通过主时钟和从时钟根据收发的 PTP 报文计算主、从时钟之间的平均路径时延 **meanPathDelay**。端到端时延请求应答机制使用 **Sync**、**Delay_Req**、**Delay_Resp** 报文，如果是双步模式，还需使用 **Follow_Up**

报文。PTP 端到端时延请求应答机制如图 3.9 所示。

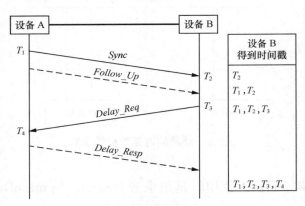

图3.9　PTP端到端时延请求应答机制

时间戳 T_1 和 T_4 在主设备上生成，时间戳 T_2 和 T_3 在从设备上生成。具体步骤如下。

① 主设备中处于 Master 状态的端口向从设备发送 *Sync* 报文，PTP 端口生成一个出口时间戳 T_1。如果 PTP 端口是一个双步 PTP 端口，即运行在双步模式下，则该端口紧接着将发送 *Follow_Up* 消息。

② 从设备中处于 Slave 状态的 PTP 端口收到 *Sync* 消息后，生成时间戳 T_2，并通过将入口路径的 *<delayAsymmetry>* 添加到接收 *Sync* 消息的 *CorrectionField* 中计算 *<correctedSyncCorrectionField>* 的值。

③ 从设备中处于 Slave 状态的 PTP 端口需准备发送 *Delay_Req* 消息，该端口应做出以下动作。

● 将 *Delay_Req* 消息的 *CorrectionField* 设置为"0"。

● 将 *originTimstamp* 设置为"0"或不差于 *Delay_Req* 消息出口时间的 ±1s。

● 在从该端口传输该消息之前，从 *Delay_Req* 消息的 *CorrectionField* 中减去出口路径 *<delayAsymmetry>* 的值，不得更正入口路径的 *<delayAsymmetry>* 的值。

● 发送 *Delay_Req* 消息，生成并保存时间戳 T_3。

④ 主设备中处于 Master 状态的 PTP 端口在接收到 *Delay_Req* 消息后，应做出以下动作。

● 生成时间戳 T_4。

● 准备一个 *Delay_Resp* 消息，将 *Delay_Req* 的公共头复制到 *Delay_Resp* 消息的头，将 *flayFieldtwoStepFlag* 位设置为 "FALSE"，将 *Delay_Req* 消息的 *sourcePortIdentity* 字段复制到 *Delay_Resp* 消息的 *requestingPortIdentity* 字段中，将 *Delay_Resp* 消息的 *CorrectionField* 设置为 "0"，将 *Delay_Req* 消息的 *CorrectionField* 添加到 *Delay_Resp* 消息的 *CorrectionField* 中，将 *Delay_Resp* 消息的 *receiveTimestamp* 字段设置为时间 T_4 的秒和纳秒部分，从 *Delay_Resp* 消息的 *CorrectionField* 中减去 T_4 的小数纳秒部分。

● 发送 *Delay_Resp* 消息。

⑤ 从设备中处于 Slave 状态的 PTP 端口收到 *Delay_Resp* 消息后，应做出以下动作。

● 如果收到的 *Sync* 消息表明将不会收到 *Follow_Up* 消息，则 *meanPathDelay* 的计算如下。

$$meanPathDelay= \big[(T_2 - T_3) + (Delay\_Resp \text{ 消息的接收时间戳} -$$
$$Sync \text{ 消息的 } originTimestamp) - correctedSyncCorrectionField -$$
$$Delay\_Resp \text{ 消息的 } CorrectionField\big] /2$$

● 如果收到的 *Sync* 消息表明将收到 *Follow_Up* 消息，则 *meanPathDelay* 的计算如下。

$$meanPathDelay= \big[(T_2 - T_3) + (Delay\_Resp \text{ 消息的接收时间戳} -$$
$$Follow\_Up \text{ 消息的 } preciseOriginTimestamp) - correctedSyncCorrectionField -$$
$$Follow\_Up \text{ 消息的 } CorrectionField - Delay\_Resp \text{ 消息的 }$$
$$CorrectionField\big] /2$$

meanPathDelay 的值存储在 *currentDSmeanDelay* 中。

点到点时延测量机制如图 3.10 所示。

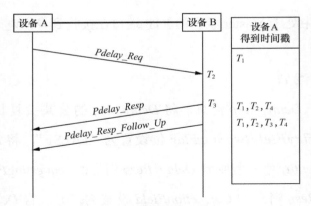

图3.10 点到点时延测量机制

点到点时延测量机制在主时钟和从时钟中支持该机制的两个端口之间，根据收发的 PTP 报文计算主、从时钟之间的平均路径时延 *meanLinkDelay*。时延请求应答机制使用 *PDelay_Req*、*PDelay_Resp* 报文，如果是双步模式，还需使用 *Pdelay_Resp_Follow_Up* 报文。

使用点到点时延机制的两个时钟节点（可以为边界时钟、透明时钟或普通时钟）会互相发送 *Pdelay* 报文，并分别计算这两个时钟节点之间链路的单向时延，两个节点上的报文交互流程和计算原理完全相同。以设备 A 作为点到点测量发起方的情况来示意点到点时延机制的实现过程，具体流程如下。

① PTP 设备 A 需要在请求端口上发送 *PDelay_Req* 消息。

• 该消息校正字段 *CorrectionField* 设置为 "0"。

• 报头的 *domainNumber* 字段应设置为 PTP 设备 A 的域。

• 在从 PTP 端口上传输之前，必须通过从传输的 *Pdelay_Req* 消息的 *CorrectionField* 中减去出口路径 <*delayAsymmetry*> 的值来修改传输的 *Pdelay_Req* 消息的校正字段 *CorrectionField*。

• *originTimestamp* 设置为 "0" 或不差于 *Pdelay_Req* 消息出口时间戳 T_1 的 ±1s 的估计值。

- 设备 A 发送 *Pdelay_Req* 消息，生成并保存时间戳 T_1。

② 如果 PTP 设备 B 的响应端口是单步端口，它将做出以下动作。

- 在收到 *Pdelay_Req* 消息后生成时间戳 T_2。

- 准备一个 *Pdelay_Resp* 消息，其 *sequenceId* 字段设为接收到的 *Pdelay_Req* 消息的 *sequenceId* 字段，*CorrectionField* 为接收到的 *Pdelay_Req* 消息的 *correctionField*。

- 将 *Pdelay_Req* 消息中的 *sourcePortIdentity* 字段复制到 *Pdelay_Resp* 消息的 *requstingPortIdentity* 字段中。

- 将 *Pdelay_Resp* 消息的 *requstReceiptTimestamp* 字段设置为 "0"。

- 发出 *Pdelay_Resp* 消息，并在发送时生成时间戳 T_3。

- 在 T_3 生成之后，当 *Pdelay_Resp* 消息离开该端口时，将周转时间 "T_3-T_2" 添加到 *Pdelay_Resp* 消息的 *correctionField* 中，并对校验和其他与内容相关的字段进行任何必要的更正。

③ 如果时延响应者是一个双步 PTP 端口，它将做出以下动作。

- 收到 *Pdelay_Req* 消息后生成时间戳 T_2。

- 准备一个 *Pdelay_Resp* 消息和一个 *Pdelay_Resp_Follow_Up* 消息，分别具有 *Pdelay_Resp* 和 *Pdelay_Resp_Follow_Up* 消息的公共头。

- 将 *Pdelay_Req* 消息中的 *CorrectionField* 字段复制到 *Pdelay_Resp_Follow_Up* 消息，并将 *Pdelay_Resp* 消息的 *CorrectionField* 设置为 "0"。

- 将 *Pdelay_Req* 消息中的 *sequenceId* 字段复制到 *Pdelay_Resp* 和 *Pdelay_Resp_Follow_Up* 消息中。

- 将 *Pdelay_Req* 消息中的 *sourcePortIdentity* 字段复制到 *Pdelay_Resp* 和 *Pdelay_Resp_Follow_Up* 消息的 *requestingPortIdentity* 中。

- 将 *Pdelay_Req* 消息中的 *domainNumber* 字段复制到 *Pdelay_Resp* 和 *Pdelay_Resp_Follow_Up* 消息中。

- 执行 i 或 ii。

i. 将 *Pdelay_Resp* 消息的 *requestReceiptTimestamp* 字段设置为 "0"，发送 *Pdelay_Resp* 消息并在发送时生成时间戳 T_3，在 *Pdelay_Resp_Follow_Up* 消息中将 *responseOriginTimestamp* 字段设置为 "0"，并将周转时间 "T_3-T_2" 添加到 *correctionField*，发送 *Pdelay_Resp_Follow_Up* 消息。

ii. 在 *Pdelay_Resp* 消息中，将 *requestReceiptTimestamp* 字段设置为时间 T_2 的秒和纳秒部分，并从 *CorrectionField* 中减去 T_2 的纳秒部分，发送 *Pdelay_Resp* 消息并在发送时生成时间戳 T_3，在 *Pdelay_Resp_Follow_Up* 消息中，将 *responseOriginTimestamp* 字段设置为时间 T_3 的秒和纳秒部分，并将 T_3 的纳秒部分添加到 *CorrectionField*，发送 *Pdelay_Resp_Follow_Up* 消息。

④ 在 PTP 设备 A 的请求端口接收到 *Pdelay_Resp* 消息后应得到如下结果。

● 收到 *Pdelay_Resp* 消息后生成时间戳 T_4。

● 为了纠正连接到入口 PTP 端口的 PTP 链路的不对称性，通过将入口 *<delayAsymmetry>* 的值添加到接收到的 *Pdelay_Resp* 消息的 *CorrectionField* 中来计算 *correctedPdelayRespCorrectionField*。

● 如果收到的 *Pdelay_Resp* 消息的 *twoStepFlag* 为 "*FALSE*"，表示不会收到 *Pdelay_Resp_Follow_Up* 消息，则 *meanLinkDelay*= $[(T_4-T_1)-correctedPdelayRespCorrectionField]$ /2；

● 如果收到的 *Pdelay_Resp* 消息的 *twoStepFlag* 为 "*TRUE*"，表示将收到 *Pdelay_Resp_Follow_Up* 消息，则 *meanLinkDelay*= $[(T_4-T_1)-(responseOriginTimestamp-requestReceiptTimestamp)-correctedPdelayRespCorrectionField-$ *Pdelay_Resp_Follow_Up* 消息的 *correctionField*$]$ /2。

对于边界时钟和普通时钟，*meanLinkDelay* 的计算值应当加以存储。

基于 IEEE 1588，PTP 又衍生出 IEEE 802.1AS、ITU-T G.8275.1、ITU-T G.8275.2、SMPTE ST2059-2、AES67-2015 等协议。不同 PTP 标准的使用场景不同，实现功能有差异，但原理基本相同。

3.3   IEEE 802.1AS 协议机制

在 IEEE 1588 提出的精准时间协议基础上，TSN 工作组制定了 IEEE 802.1AS 协议，简化了精准时间协议以适应在工业、汽车等垂直领域的应用。IEEE 802.1AS 提出的 gPTP 的同步原理和 PTP 类似，本节将重点介绍 TSN 中的时钟端口定义和最佳主时钟选择，并分析 gPTP 和 PTP 的差异性，最后简要介绍 IEEE 802.1AS-Rev。

3.3.1   IEEE 802.1AS 基本概念

为了传输更高带宽的音视频流并且满足汽车内低时延、高可靠性传输的要求，TSN 工作组定义了一种独立于 TCP/IP 族的通信协议实现方法。TSN 采用 IEEE 802.1AS，即用精确时间同步协议来实现精准时间同步，IEEE 802.1AS 是在 IEEE 1588v2 协议基础上，结合在以太局域网中传送时延敏感业务的高精度时间同步要求，进行了精简和修改，细化了 IEEE 1588v2 在桥接局域网中的实现，确保收发终端之间严格时间同步。

gPTP 和其他校时协议不同的是，gPTP 通过约束网络内的节点，可以达到纳秒级的精度（6 跳以内任意节点间最大时钟误差不超过 1μs），因此，在车载、工业控制等对实时性要求较高的领域得到了广泛应用。

与 IEEE 1588 一样，gPTP 也是基于主—从工作模式，从站节点接收主站节点的时间同步信息，保持与主站节点的时钟同步。一个广义精密时钟同步系统通常被称为一个 gPTP 域（gPTP domain），它由一个或多个时间感知系统和链路组成，这些时间感知系统可以是任何网络设备，例如网桥、路由器和终端站，满足 IEEE 802.1AS 协议的要求并按照协议通信。gPTP 域定义了 gPTP 消息通信、状态、操作、数据集和时间刻度的范围，gPTP 域的域号应为 "0"。gPTP 域可以分为多个独立的时间子域，每个子域有且仅有一个主时钟。

当建立时间同步生成树时，与端口相关的状态机或与时间感知系统相关的状态机会为时间感知系统的每一个端口分配端口状态，IEEE 802.1AS 中的端口共有如下 4 种状态。

① 主端口（Master Port）：在一条 gPTP 通信路径上，距离从节点更近的时间感知系统的端口，一个时间感知系统可以有多个主端口。

② 从端口（Slave Port）：时间感知系统中距离根节点最近的 PTP 端口。一个时间感知系统只能有一个 Slave 端口，且不会通过 Slave 端口发送 *Sync* 或 *Announce* 消息。

③ 禁用端口（Disabled Port）：时间感知系统中端口操作、端口支持和可访问变量不都为"True"的 PTP 端口。

④ 被动端口（Passive Port）：时间感知系统的端口状态不为 Master Port、Salve Port 或者 Disabled Port 的端口。

有了不同的端口状态以后，可根据组网要求通过设置每一个时间感知系统的端口状态，构建网络拓扑结构。TSN 主、从同步架构中端口状态示意如图 3.11 所示。主时钟端口状态都是 Master 端口，而所有其他时间感知系统都只有一个 Slave 端口。时间同步生成树由时间感知系统和不含有被动端口的链路组成。

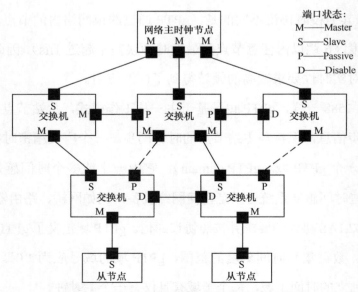

图3.11　TSN主、从同步架构中端口状态示意

gPTP 不仅定义了时间同步的端口类型，也定义了端口的其他状态，具体包括以下 6 种状态。

① 初始化（INITIALIZING）：表示该端口正在初始化数据、硬件或通信端口。对于一个时钟，如果一个端口处于初始化状态，其他所有端口都应处于初始化状态。初始化状态端口不发送和接收任何 PTP 消息。

② 故障（FAULTY）：表示端口有故障。处于故障状态的端口除了必须响应的管理信息，不发送和接收任何 PTP 消息。故障端口的动作不应影响其他端口。如果故障不能限制在故障端口内，则该时钟的所有端口应均为故障状态。

③ 不可用（DISABLED）：表示端口不可使用（例如网管禁止）。处于不可用状态的端口不能发送任何 PTP 消息，除了必须管理信息，也接收其他 PTP 消息。不可用端口的动作不应影响其他端口。

④ 侦听（LISTENING）：表示端口正在等待接收 *Announce* 消息。该状态用于将时钟加入时钟域。处于侦听状态的端口除了 *Pdelay_Req*、*Pdelay_Resp*、*Pdelay_Resp_Follow_Up* 消息及其他必须响应的管理消息和信令外不发送其他 PTP 消息。

⑤ 预主用（PRE_MASTER）：处于这个状态的端口的行为和主用端口一样，但是它除了 *Pdelay_Req*、*Pdelay_Resp*、*Pdelay_Resp_Follow_Up* 消息及管理消息和信令外不发送其他 PTP 消息。

⑥ 未校准（UNCALIBRATED）：表明域内发现一个和多个 Master 端口，本地时钟已经从中选择一个并准备跟踪。该状态是一个过渡状态，用于进行跟踪前的预处理。

基于 IEEE 802.1AS 的 TSN 同步网络示意如图 3.12 所示。主时钟通过 Master 端口发送同步消息，网桥节点通过 Slave 端口接收同步消息并通过 Master 端口向下一级节点转发。终端节点只有一个 Slave 端口，并通过该端口从网桥节点接收同步消息。最终，网络中的所有节点都能与主时钟保持同步。

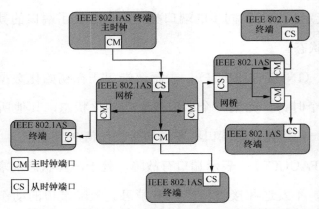

图3.12　基于IEEE 802.1AS的TSN同步网络示意

TSN 中的时间感知设备可以分为两种类型的节点，这两类节点都必须满足传输时间同步信息的要求。

① 终端：可以是系统内的主时钟，也可以是被校时的从时钟。

② 网桥：可以是系统内的主时钟，也可以仅仅是中转设备，类似于传统的交换机，连接网络内的其他设备。作为中转设备，它需要接收主时钟的时间信息并将该信息转发出去。但在转发信息时，需要校正链路传输时延和驻留时间，并重新传输校正后的时间。

3.3.2　gPTP 时间同步工作原理

gPTP 时间同步原理示意如图 3.13 所示。

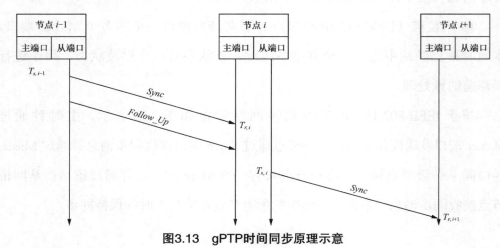

图3.13　gPTP时间同步原理示意

gPTP 的时间同步方式与 IEEE 1588—2019 相同：主时钟向所有直接连接的节点发送时间同步信息。各个节点通过增加通信路径所需的传播时间来校正接收到的同步时间。如果该节点是中转设备的网桥，则它必须将已更正的时间信息（包括对转发过程中时延的更正）转发给它所连接的所有节点，如此实现整个 gPTP 域内的时间同步。

gPTP 标准中定义了单步模式和双步模式两种时间同步传输协议的方式：单步模式只发送 *Sync* 消息进行时间同步；双步模式则是在 *Sync* 消息之后再发送一个 *Follow_Up* 的消息，从而能够记录在 *Sync* 消息产生时的时间戳，并由 *Follow_Up* 消息携带。

图 3.13 中有 3 个相邻的节点，分别为节点 $i-1$、i、$i+1$。采用双步时间传输模式，从时间感知系统 $i-1$ 传输到 i，再采用单步时间传输模式传输到 $i+1$，具体过程如下。

（1）节点 i 从 $i-1$ 接收同步消息

节点 $i-1$ 在本地时间 $T_{s,i-1}$ 时刻，从它的 Master 端口发送一个 *Sync* 消息给时间感知系统 i 并记录发送时间戳。节点 i 的 Slave 端口接收该 *Sync* 消息后记录本地接收时间戳 $T_{r,i}$。随后，时间感知系统 $i-1$ 发送一个对应的 *Follow_Up* 消息给系统 i，并携带以下信息。

① 精确原始时间戳 O（*PreciseOriginTimestamp*）。主时钟节点发送同步消息的起始时间戳。

② 修正域 C_{i-1}（*CorrectionField$_{i-1}$*）。节点 $i-1$ 转发该 *Sync* 消息时的本地时间 $T_{s,i-1}$ 与 *preciseOriginTimestamp* 的差值。

③ 比率系数 r_{i-1}（*rateRatio$_{i-1}$*）。当前时间感知系统中的主时钟频率和本地时钟频率的比值，在每个时间感知系统中都是同步锁定的。

（2）节点 i 向 $i+1$ 发送同步消息

在节点 $i-1$ 发送的 *Follow_Up* 信息被接收到之后，节点 i 在本地时间 $T_{s,i}$ 时刻向系统 $i+1$ 发送一个新的 *Sync* 消息。然后计算 *correctionField*，即对应 $T_{s,i}$ 的同步时间与精确原始时间戳的差值。要进行这种计算，节点 i 必须计算 $T_{s,i-1}$

和 $T_{s,i}$ 之间的时间间隔值，以主时钟时基表示，该间隔等于以下量的总和。

① 节点 $i-1$ 和 i 之间的链路传播时延，以主时钟时基表示。

② $T_{s,i}$ 和 $T_{r,i}$ 之间的差异（即驻留时间），以主时钟时基表示。

$$C_i = C_{i-1} + D_{i-1} + (T_{s,\ i} - T_{r,\ i}) r_i \qquad\qquad 式（3-5）$$

其中 C_i 为第 i 个节点的修正域值，C_{i-1} 为上一次接收的 *Sync* 消息的修正域值。D_{i-1} 为当前时间感知系统 i 的 Slave 端口测量的路径传播时延，$(T_{s,i}-T_{r,i})$ 为节点 i 的驻留时间。r_i 为 rateRatio$_i$，即主时钟与节点 i 的频率之比。

$$r_i = r_{i-1} \times nr_i \qquad\qquad 式（3-6）$$

这里的 r_{i-1} 是最近接收到的 *Sync* 消息里的 *rateRatio$_i$*，nr_i 是邻接比率系数，即节点 $i-1$ 的频率与 i 的频率之比。

节点在接收到同步消息后，可以计算本地时钟与主时钟之间的差异，从而实现网络中精准的时钟同步。式（3-7）中表明节点 i 的时钟为 $T_{r,i}$，经过计算后，转换为主时钟时刻。

$$GM(T_{r,\ i}) = O + C_{i-1} + D_{i-1} \qquad\qquad 式（3-7）$$

采用点对点时延机制的链路传播时延测量信息交互示意如图 3.14 所示，gPTP 还提出了使用点对点时延（peer-to-peer delay）机制用于测量链路上传播时延的方法，仍然以相邻两个节点 i 和 $i+1$ 来阐述传播时延测量过程中的信息交互过程及时间计算方法，具体如下。

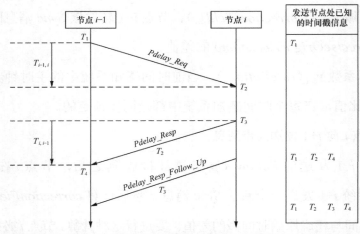

图3.14 采用点对点时延机制的链路传播时延测量信息交互示意

① 传播时延测量从发起方即节点 i 发送时延请求消息 *Pdelay_Req* 到 $i-1$，并生成时间戳 T_1。

② 应答方节点 $i-1$ 接收到 *Pdelay_Req* 消息，记录接收时间 T_2。

③ 在 $T=T_3$ 时刻，节点 $i-1$ 发出 *Pdelay_Resp* 消息并且记录时间戳 T_3。在 *Pdelay_Resp* 消息中携带 T_2，在 *Pdelay_Resp_Follow_Up* 消息中携带 T_3。

④ 节点 i 接收到 *Pdelay_Resp* 消息时生成时间戳 T_4。

由此得到了两个时间感知系统共存有 4 个时间戳，传播时延 D_i 可以通过如下公式计算。

$$D_i = \frac{(T_4 - T_1) - nr_i \times (T_3 - T_2)}{2} \qquad 式（3-8）$$

其中，$(T_3 - T_2)$ 乘以邻接率 nr_i 是为了将其转化为时间感知系统的时间尺度。

3.3.3　gPTP 中的最佳主时钟选择方法

gPTP 域中的主时钟既可以默认指定，也可以通过 BMCA 动态选举。与 IEEE 1588v2 中的最佳主时钟算法相比，gPTP 中的 BMCA 定义了底层的协商和信令机制，用于标识出 TSN 局域网内的主时钟，两者实现原理基本相同，但 gPTP 简化了以下步骤。

① gPTP 的从节点接收到不是由自己发出的 *Announce* 消息，可以立即使用。

② 一旦 BMCA 选定某节点为主时钟，该节点会立即进入主时钟状态，没有预主状态。

③ 不需要未校准状态。

④ 所有节点都参与最佳主时钟的选取，即便它不具备成为主时钟的能力。

在 gPTP 域中，某个节点被选举为主时钟，此节点的本地时钟将作为整个 gPTP 域的主时钟基准时间，即时基。*Sync* 消息用于让每个时间感知系统都和主时钟同步。在同步过程中，每个时间感知系统的 Slave 端口接收并更新同步信息，然后通过 Master 端口转发更新后的同步信息，即 *Sync* 消息是从主时钟出发，经由各个网桥分发到所有从节点，采用的是逐级传输的模式，而不是端到端的模式。

3.3.4　gPTP 的改进与增强

在通信网络中，诸多因素将会影响到高精度时间同步，主要包括不对称链路、网桥节点的驻留时间不确定、时间戳采样点差异性等。为了克服这些不确定因素带来的影响，gPTP 做了相应的改进，以提升时间敏感网络的时间同步精度性能。

（1）链路不对称

在通常情况下，接收和发送节点采用不同的链路，从而会造成传播时间在两个方向上的不同，称为链路的时延不对称，任何未校正的不对称都会在传输的同步时间值中引入误差，在多跳网络中，该误差会进一步累积，会严重影响网络的时间同步精度。

为了消除时间感知系统中链路不对称的问题，gPTP 做了相应的增强和改进。

① 传输时延分段测量（P2P 方式）减少平均误差，消除多跳链路误差的累积。

② 中间转发节点可以计算报文的驻留时间，保证校时信号传输时间的准确性。

③ 如果已知链路不对称，可以将该值写在配置文件中：对于终端设备，在校正时会把该偏差考虑进去；对于网桥设备，在转发的时候，会在 PTP 报文的修正域中（*correctionField*）把对应的差值补偿过来。

（2）网桥驻留时间

对于网桥设备，从接收报文到转发报文所消耗的时间（中间可能经过缓存）被称为驻留时间。该值具有一定的随机性，能影响校时精度。

gPTP 要求网桥设备必须具有测量驻留时间的能力，在转发报文的时候将驻留时间累加在 PTP 报文的修正域中（*CorrectionField*），下一节点在进行时间同步测量时，能够根据修正域中各跳的驻留时间进行补偿，从而减小驻留时间对时间同步精度的影响。

（3）时间戳采样点

前面提到的 T_1、T_2、T_3、T_4 等时刻的采样，常规的做法是在应用层采样：在发送端，报文在应用层（PTP 校时应用）产生后，需要经过协议栈缓冲，然后才被发送到网络上；在接收端，报文要经过协议栈缓冲，才能到达接收者（PTP 校时应用）那里。然而，协议栈缓冲和处理带来的时延是不固定的，并且操作协同调度导致的时延是不确定的，这两方面的"不确定性"都会对时间同步精度造成影响。时间戳采样示意如图 3.15 所示。

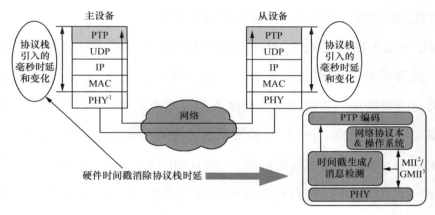

注：1. PHY（Physical Layer，物理层）。
　　2. MII（Media Independent Interface，媒体独立接口）。
　　3. GMII（Gigabit Media Independent Interface，千兆介质无关接口）。

图3.15　时间戳采样示意

为了达到高精度的时间同步，必须消除软件带来的不确定因素，这就要求必须把时间采集点尽量靠近物理层传输介质。因此，gPTP 做了以下改进。

① gPTP 采用 MAC 层作为时间采集点：在发送方，当报文离开 MAC 层进入 PHY 层的时候记录当前时刻；在接收方，当报文离开 PHY 层刚到达 MAC 层的时候记录当前时刻。这样可以消除协议栈带来的不确定性。

② gPTP 采用硬件时间戳的方式提升时间精度：MAC 时间戳可以通过软件的方式"打"，也可以通过硬件的方式"打"，硬件方式可以消除系统调度带来的不确定性，会比软件方式更精确。

3.3.5 gPTP 与 PTP 的差异性分析

相较于 PTP 而言，gPTP 能够实现更高精度的时间同步，本小节重点分析了两者之间的相同点和差异性。

gPTP 假设 PTP 实例之间的所有通信都只使用 IEEE 802 MAC PDUs 和寻址，而 gPTP 定义了一个媒体独立层，这样即使采用不同网络技术，甚至不同的媒体接入技术的混合网络，也可采用相同的时间域进行同步。在这种情况下，这些时间敏感子网间信息的交换可以采用不同的包格式和管理机制。而 IEEE 1588 不同，它只适用于一些特定的网络，例如 IPv4、IPv6、以太局域网及一些工业自动控制网，支持第 2 ~ 4 层的通信方法。

对于全双工以太网链路，gPTP 仅允许使用点对点的对等（P2P）时延机制，而 PTP 允许使用端到端时延测量，在端到端时延测量中，由于涉及的节点和不确定因素增加，其时间同步精度不如点对点的时间同步机制。此外，对于全双工以太网链路，gPTP 要求使用两步处理（使用 *Follow_Up* 和 *Pdelay_Resp_Follow_Up* 消息来传送时间戳），而 IEEE 1588 允许根据特定的配置文件只进行一步交换过程，在传输时将时间戳"动态"嵌入同步消息中，两步处理方式能够带来更精准的高精度时间同步。

在 gPTP 中，只有终端和网桥两种类型的节点，而 IEEE 1588 有 OC、BC、E2E 透明时钟和 P2P 透明时钟。终端对应一个 IEEE 1588OC，而网桥是一种 IEEE 1588BC，其操作定义非常严格，以至于在执行同步方面，具有以太网端口的时间感知桥可以在效果上等效于 P2P 透明时钟。

3.3.6 IEEE 802.1 AS-Rev 协议简介

目前，IEEE 802.1 工作组正在修订 IEEE 802.1AS 协议，以形成 IEEE 802.1 AS-Rev 协议。它在 IEEE 802.1 AS 协议的基础上，提出了时间同步冗余机制，规定了一个时间感知系统可以同时支持多个时间域。IEEE 802.1 AS

协议中域号为"0"，IEEE 802.1AS-Rev 协议中的所有时间感知系统都可以支持一个或多个附加域，每个域具有 1 ~ 127 的不同域号，同时该协议中所有时间感知系统都支持域号为"0"的域，以便与 IEEE 802.1 AS 协议兼容。多 PTP 域时间感知网络实例如图 3.16 所示。

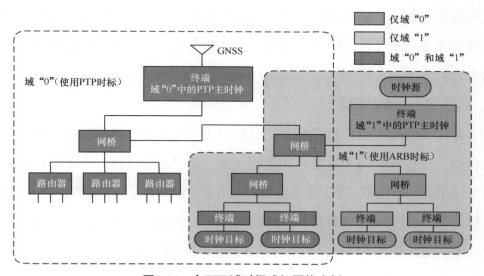

图3.16　多PTP域时间感知网络实例

该网络由多个 gPTP 域组成，可用于工业应用。具体来说，在此示例中，网络具有两个时标 / 域，其中域"0"使用 PTP 时标，而域"1"使用任意时标。在此实例中，为了与之前的 IEEE 802.1 AS 协议兼容，每个时间感知系统都支持域"0"，但域"1"中的所有节点并非都在域"0"中处于活跃状态。

IEEE 802.1 AS-Rev 协议要求属于同一域的所有节点在其物理拓扑中必须具有直接连接。此外，IEEE 802.1 AS-Rev 协议中把同时在两个域中都处于活跃状态的节点称为双层（double layers）节点，双层节点可以支持两个独立的活跃的 gPTP 实例。在图 3.16 中，位于两个域相交处的节点即为双层节点。

除了多时间域支持能力，802.1AS-Rev 还增强了容错和多个主动同步主机等机制。

（1）容错能力

IEEE 802.1AS-Rev 标准化了多个总控时钟，以及与这些总控时钟建立多个连接的可能性。当主时钟出现故障时，复制主时钟可以缩短故障转移时间。在这些情况下，从冗余主时钟处提取时间信息，可以让诸如终端节点和网桥之类的系统元素仍然能够保持同步。建立从终端节点和网桥到冗余总控时钟的冗余连接，还可以使网络在保持同步时基的情况下容忍网络链路甚至网桥的丢失。

（2）多个同步时间域

有许多用例显示了让网络同时支持"工作时钟"和"通用时钟"或"挂钟"的优势，工作时钟用于触发时间关键事件，而"通用时钟"或"挂钟"通常用于给事件加时间戳。对于这些情况，IEEE 802.1AS-Rev 将支持多个同步时钟，能够对生产数据或测量等事件进行时间标记，并同步传感器、执行器和控制单元等应用，满足不同同步需求终端在同一网络的接入。

第 4 章

CHAPTER 4

时间敏感网络
调度整形机制

低时延和时延有界性是时间敏感网络传输确定性的首要特征。时间敏感网络的业务承载方式与时分多址复用（Time Division Multiple Access，TDMA）类似，在设备间时间同步的基础上，通过基于精准时间的优先级队列控制方式，使时间敏感类高优先级业务在"特定时间"内对时序资源专有占用，保证高优先级业务基于精准时间的数据转发，由于不同队列的可允许发送时间"互斥"，从而保证不同周期的时间敏感业务数据包在时序资源上"交织"承载。由此可知，时间敏感网络时延抖动精准调控的本质在于对时序资源的有序分配和动态协调，更好地解决"什么时间、哪个队列、进行多长时间的传输"的问题。因此，时间敏感网络中调度整形机制及数据传输机制是实现工业控制业务时延精准调控、时延抖动有界性的关键保障机制，也是时间敏感网络能够进行多业务承载的技术基础。

本章重点对时间敏感网络的多种调度整形机制进行介绍，首先在 4.1 节介绍了调度整形的基本概念，阐述了流量监管、流量整形、调度策略等功能；4.2 节介绍了时间敏感网络中最早提出的调度整形机制，即 IEEE 802.1Qav 提出的基于信用的整形机制；4.3 节介绍了在工业领域广泛应用，同时也是当前时间敏感网络网桥设备中实现最为广泛的调度整形机制，即 IEEE 802.1Qbv 提出的时间感知整形机制；4.4 节介绍了循环排队转发机制，这是由 IEEE 802.1Qch 提出的调度整形机制；4.5 节介绍了时间敏感网络标准协议中尚在讨论阶段的一种调度整形机制，即由 IEEE 802.1Qcr 提出的异步流量整形机制，该机制不需要终端及网桥节点间实现时间同步，也能保证时延的有界性；4.6 节介绍了由 IEEE 802.1Qbu 和 IEEE 802.3br 共同制定的帧抢占机制，进一步降低高优先级业务在网络中的等待时延，提升网络带宽的利用率。

需要说明的是，本章介绍的调度整形机制更多围绕 IEEE 制定的协议算法进行阐述，TSN 中的调度整形机制是时间敏感网络中的重要核心机制，学术界对其在实际组网过程中的应用和性能等方面开展了大量研究，本书并未对当前学术界对于时间敏感网络中调度整形机制的研究情况进行整理和分析。

4.1　流控制相关基本概念

通信的目的是实现数据在网络节点间的有效传输，从而实现信息的交互和传递。在实际通信应用场景中，网络需要实现多用户、多业务的承载，而网络资源是有限的，如何协调不同用户、不同业务之间的承载资源、传输时间，如何保证不同用户及业务的 QoS 要求，成为通信网络需要解决的首要问题。为了解决多样化业务需求与有限网络资源之间的问题，通信网络提出了流量监管、流量整形及流量调度等业务流控制方案。为了更好地理解调度整形机制在时间敏感网络中起到的作用，本节将首先对流量监管、流量整形、调度策略、TSN 中的调度整形等基本概念进行介绍，以便读者能够更加深入地理解时间敏感网络整形机制的目的和控制流程。

4.1.1　流量监管

流量监管（Traffic Policing）与流量整形（Traffic Shaping）都属于网络 QoS 技术中的业务流量控制策略，二者的作用范围和作用机制不同，但二者都是在网络交换／路由设备中实现的。流量监管示意如图 4.1 所示。

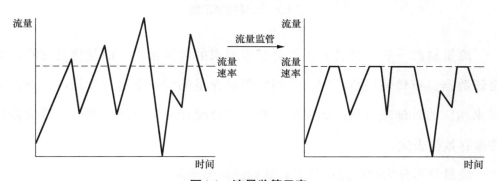

图4.1　流量监管示意

流量监管是在网络交换或路由设备接收端口对流量进行速率控制。针对不同业务类型，网络将设置不同的控制速率（一定程度上，端口的数据传输速率意味着该业务能够使用的最大带宽），如果超出控制速率，流量监管策略会采用丢弃数据包的方式进行处理，从而使进入端口的流量限制在合理的范围之内。

在时间敏感网络的数据处理流程中，对进入交换机端口的数据都会配置流过滤器，流过滤器的主要功能之一就是流量监管。

4.1.2 流量整形

流量整形一般是对交换/路由设备发送端口的数据传输速率进行控制，对超过端口速率限制的报文进行缓存，使报文以均匀的速率发送出去。流量整形的目的是使数据发送速率与下游交换/路由设备的接收速率相匹配，以免造成网络拥塞。流量整形示意如图4.2所示。

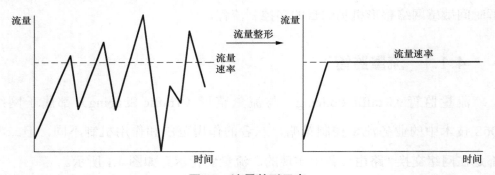

图4.2　流量整形示意

流量整形一般不会丢弃不符合速率要求的数据报文，而是将其缓存，直至该数据具有传输资格，同时在网络资源充足的情况下进行发送，因此，会带来相应的时延或抖动；如果缓存数据超过缓存队列空间，则可能导致新的待缓存数据丢失。

流量整形分为端口流量整形和队列流量整形两种。

（1）端口流量整形

端口流量整形也称为端口限速，对发送端口的数据发送总速率进行控制，不区分业务种类和业务优先级。

（2）队列流量整形

不同类型的业务流使用不同的队列，可以通过对不同队列进行通知，从而实现差异化业务的流量整形。

时间敏感网络中采用端口流量整形和队列流量整形二者混合的流量整形机制，针对不同的端口，按照不同业务的优先级映射到不同的队列中，从而将时间敏感业务流和其他业务流分隔开，然后对不同队列进行流量整形，既可以对端口总体速率进行限制，又能区分不同业务优先级，从而对流量做相应的控制。

4.1.3　调度策略

调度策略是在业务需求与资源供给不平衡的情况下，实现资源的合理分配和充分利用。调度策略应用在众多领域中，例如，车辆交通调度、铁路调度、航班调度等，其本质是寻求业务需求与资源供给之间的有效平衡。

对于网络用户和通信业务而言，网络资源是"共享"的，因此，需要由调度策略来协调不同用户和业务对于资源的访问时间和访问方式，在满足用户和业务 QoS 的前提下，实现多个用户、多种业务使用网络资源进行有序的数据传输。

分组交换网络调度策略有很多，常用的有轮询（Round Robin，RR）算法、加权轮询（Weighted Round Robin，WRR）、比例公平（Proportional Fairness，PF）算法、最早截止时间优先（Earliest Deadline First，EDF）等。其目的均是合理利用网络资源、最大限度地满足多业务 QoS 需求。

时间敏感网络中的调度策略是在网桥节点发送端口进行控制，其核心是队列调度。队列调度分为入队、调度、出队 3 个过程，队列的确定性增强主要作用于出队的控制，即确定当前时刻能够进行数据传输的队列，并决定该队列的传输时间长度。在时间敏感网络中，调度策略也称为"整形"，其目的是在流量出队列进行链路传输时对其加以限制,从而提升数据传输的"确定性",然而,确定性增强并不能"随心所欲",而是只针对特定的场景有效,且需要尽量熟知业务流量的相关特征。因此,当我们了解一个新的调度整形机制时,最重要的切入点是流量的特征(流分布、流速率、包大小、包数量、周期/非周期)和流量的需求(带宽、时延、抖动、丢包率)。只有在了解流量的特征和流量的需求的基础上,才能更好地在网络中进行端到端调度策略的制定。

4.1.4　TSN 网桥设备数据处理流程

TSN 网桥设备数据处理流程示意如图 4.3 所示。

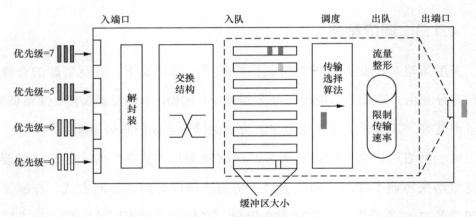

图4.3　TSN网桥设备数据处理流程示意

TSN 网桥设备数据处理流程一般包括进入队列、根据优先级映射到出口队列、根据传输选择算法选择发送队列及出口传输等部分。

为了满足不同业务的传输确定性需求,TSN 定义了多种调度整形机制。基于对时间同步的需求不同,这些调度整形机制可分为同步类调度整形机制和异步类调度整形机制。不同调度整形机制提供的时延和抖动保障能力不同,应用的业务类型和场景也不相同。

针对音视频、工业控制数据等周期性时间敏感业务数据,TSN 提出了基于信用的整形(Credit Based Shaping,CBS)机制、时间感知整形(Time

Awareness Shaping，TAS）机制、循环排队和转发（Cycling Queuing and Forwarding，CQF）机制。TAS 和 CQF 机制均要求网络设备之间保持良好的时间同步，因此，属于同步类调度整形机制。而 CBS 通过"信用"控制数据发送，属于异步类调度整形机制。

TSN 还提出了异步流量整形（Asynchronous Traffic Shaper，ATS）机制，在不需要网络设备之间时间同步的前提下，保证时间敏感业务流的低时延、低抖动的确定性传输。另外，TSN 还提出了帧抢占（FP）机制，减少低优先级业务对高优先级业务的干扰，进一步提升高优先级业务的传输时延和抖动。

4.2　基于信用的整形机制

由于传统以太网是基于"尽力而为"数据传输思想进行的网络设计，其时延和抖动性能很难满足多媒体信息实时传输的需求。在此背景下，IEEE 802.1 AVB 工作组制定了一系列的新标准，在兼容现有以太网体系的基础上，对数据链路层的数据转发、整形等部分功能进行扩展，使以太网具备保障带宽、降低时延和精确时钟同步的能力，从而能在标准以太网架构下为音视频等具有高优先级的实时业务提供高质量、低时延、时间同步保障，并兼容其他低优先级业务的传输，为多业务统一承载提供了解决方案。由此可知，基于信用的整形（CBS）机制是 IEEE 802.1AVB 工作组制定的早期经典调度整形方法，提供了一种兼顾高优先级 QoS 保障和低优先级业务传输机会的队列控制机制。

本节将重点介绍基于信用的整形机制的技术特征、时间敏感流的转发和排队机制及 CBS 详细的机制流程，尤其是对 CBS 如何实现队列控制的参数进行了详细说明。

4.2.1　机制概述

IEEE 802.1Qav 提出了基于信用的整形机制，增强了以太网中音视频实时业务流的排队和转发机制，有效解决了多媒体数据突发导致的网络拥塞、时延抖动等问题，为音视频实时业务在以太网中传输提供了低时延、高可靠的质量保障。

CBS 类似单速率令牌桶机制，引入"信用"的概念控制传输的业务流队列。但与单速率令牌桶机制不同的是，令牌桶机制是为每条流分配一定数值的令牌，但当两条业务流同时到达时，传输的先后和占用链路的时间是不确定的。CBS 机制区分了业务的优先级，并且将初始的信用值都设置为"0"，即保证了当两条业务同时到达时，高优先级队列可以先进行传输，同时由于 CBS 规定了在队列传输时，其队列信用值逐渐下降，而队列能够持续进行传输的一个前提条件是信用值必须不为负，所以当高优先级队列传输一小段时间后，其信用值为负，停止传输，从而使低优先级队列也具有传输的机会。由此可知，CBS 的核心是实现了不同优先级流量的有序"交织"传输，将同一队列流量在时间轴上"打散"，既保证了音视频等高优先级业务的传输流畅性，也使低优先级业务获得一定的传输机会，避免低优先级业务被"饿死"。CBS 机制很好地体现了调度的"公平性"。

4.2.2 时间敏感流的转发和排队

IEEE 802.1Qav 提出了时间敏感流转发和排队（Forwarding and Queuing of Time Sensitive Streams，FQTSS）机制，一方面定义了流量类别，将网络中的业务流分为需要进行带宽保障和资源预留的业务流及不需要进行流预留的业务流；另一方面定义了增强的调度整形机制，提出了 CBS，根据实际需求将端口处接收到的帧按照流量类别及优先级进行排队并有序发送，但也会限制高优先级流的带宽占用，防止高优先级流一直占用网络，而低优先级流一直无法发送的不合理现象。

流预留协议（Stream Reservation Protocol，SRP）是由 IEEE 802.1Qat 定义的流管理协议，用于对数据传输链路中的节点资源进行预留和管理，通常与基于优先级的帧调度或整形机制协同使用。流预留等级是指能够为音视频业务进行带宽预留的业务等级，每一个流预留等级都会关联特定的优先级值，流预留等级用连续的英文字母表示，从 A 开始，最多有 7 个等级。AVB 中定义了两类标准流预留类业务流（Stream Reservation，SR）：SR-A 和 SR-B，SR-A 的优先级比 SR-B 的高。流预留类业务分类参数见表 4.1。

表 4.1 流预留类业务分类参数

SR 类别	SR 类别默认优先级	测量时间间隔 /μs
A	3	125
B	2	250

需要注意的是，SR 类别优先级的数值可以适当进行调整，只要保证相对的优先关系不变即可，这个视具体使用场景而定，IEEE 802.1Qav 中给出了 SR 类业务流的优先级映射推荐，多业务类型条件下 SR 类业务流的优先级映射见表 4.2。对于 SR 类业务流，其优先级高于非 SR 类业务流。

表 4.2 多业务类型条件下 SR 类业务流的优先级映射

		业务流种类数						
		2	3	4	5	6	7	8
优先级	0	0	0	0	0	0	0	1
	1	0	0	0	0	0	0	0
	2	1	1	2	3	4	5	6
	3	1	2	3	4	5	6	7
	4	0	0	1	1	1	1	2
	5	0	0	1	1	1	2	3
	6	0	0	1	2	2	3	4
	7	0	0	1	2	3	4	5

FQTSS 定义了两种传输选择算法：一个是 CBS 机制；另一个是严格优先级（Strict Priority，SP）机制。对于 SR 类业务流，采用 CBS 机制，对于非 SR 类业务流，采用 SP 机制。对于 CBS，将在下一节详细说明其规则和应用示例。SP 表示业务流发送严格按照优先级进行发送，当基于信用的流在信用用完无法发送时，尽力而为型业务流（Best Effort）才可以发送，且严格按照

优先级从高到低依次发送，直到基于信用的业务流再次可以发送。由此可知，FQTSS 并非只针对时间敏感类数据流进行处理，对于非时间敏感类数据流的转发与排队规则也制定了相应的规定。

FQTSS 定义站点设备端口中至少包含一种非 SR 业务流和一种预 SR 业务流，SR 类进行流预留处理，而非 SR 类不进行流预留处理。FQTSS 数据流排队转发过程如图 4.4 所示。

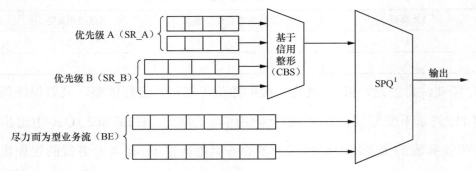

优先级 A（SR_A）

优先级 B（SR_B）

基于信用整形（CBS）

SPQ¹

输出

尽力而为型业务流（BE）

注：1. SPQ（Strict Priority Queuing，严格优先级排队）。

图4.4　FQTSS数据流排队转发过程

在图 4.4 中，数据流的排队及转发流程如下。

① SR 类业务的优先级相较于非 SR 类的高，因此，优先处理 SR 类业务队列。

② 当多个 SR 类业务等待发送时，首先比较不同队列的信用值，然后比较它们优先级。如果多个 SR 类业务队列的信用值均可以发送，那么选择优先级高的队列进行数据发送。

③ 如果 SR 类业务没有数据可以发送，或信用值导致不能发送时，则可发送非 SR 类数据流。

④ 不同队列的多个非 SR 类数据流待发送时，严格按照它们的优先级进行发送。

⑤ 同队列的数据帧按照先入先出的原则依次进行发送。

CBS 对于不同的 SR 类数据流队列赋予信用值（单位为 bit），并定义了相应的信用累积速率（Idle Slope，单位为 bit/s）和信用减少速率（Send Slope，单位为 bit/s)。CBS 数据处理基本思想和流程如下。

① 当信用值 ≥ 0 时，该 SR 类数据流才具有传输资格。

② 当 SR 类数据流等待传输时，即 SR 类数据流无法传输时，该数据流对应的信用值以信用累积速率往上累加。

③ 当 SR 类数据流正在传输时，该数据流对应的信用值以信用减少速率进行减少。

④ 当信用值 > 0，且该 SR 类数据流对应队列中无数据进行传输时，该数据流对应的信用值被设置为 0。

⑤ 当信用值 < 0 时，如果该 SR 类数据流对应队列中无数据进行传输，则信用值以信用累积速率增长，直至信用值达到 0；如果该 SR 类数据流对应队列中有数据等待发送，则信用值以信用累积速率持续增长。

总而言之，FQTSS 协议是在严格优先级算法的基础上发展起来的，其提出的 CBS 机制配合流预留协议，平滑了音视频流量的突发流量，为音视频业务流的实时传输提供了时延保障，并能够为低优先级业务流提供发送机会。

4.2.3　CBS 机制流程

本节将介绍带宽管理相关参数、队列信用参数，以便读者深入了解 CBS 机制流程的运行。

（1）带宽管理相关参数说明

IEEE 802.1Qav 定义了多个可用带宽及信用机制相关的参数，通过关联计算及更新参数，完成不同数据流的队列管理和发送管理。在 FQTSS 机制中，业务数据流可采用带宽管理，相关参数的定义如下。

① *portTransmitRate*：端口传输速率。该参数定义了发送端口的数据传输速率，单位为 bit/s；在一定程度上，可认为该参数是端口的可用带宽。

② *deltaBandwidth*(N)：业务流（N）最大可预留的带宽。该参数表示为端口

传输速率的百分比值，实际预留带宽不能超过该值；在 SR 类和非 SR 类共存的场景中，为保证数据传输的公平性，对于 SR 类数据流 N，$deltaBandwidth(N)$ 的最大值为 75%，即端口传输速率的 75% 的资源可以用作 SR 类业务的预留资源，剩下的 25% 的端口可用带宽留给非 SR 类业务进行数据传输。

③ $adminIdleSlope(N)$：数据流 N 所请求的预留带宽值，单位为 bit/s。当流预留协议运行时，该参数无效；当流预留协议未运行时，该值就是下面将定义的 $operIdleSlope(N)$ 值。

④ $operIdleSlope(N)$：数据流 N 所对应队列的实际预留带宽值，单位为 bit/s。在 CBS 机制中，该值就是 SR 流所对应队列的信用累积速率（idleSlope）。

另外，在 IEEE 802.1Qav 中进行业务流资源预留时，还需要 2 个业务流特征参数，用以估算该 SR 业务流需要的实际带宽。

① $maxFrameSize$：最大数据帧长度。该值定义了数据流传输的端口所允许的最大数据帧大小。该值由所采用的接纳控制算法或由业务源特性决定，但该值应该小于 MAC 层所允许的正常处理数据单元大小。

② $MaxIntervalFrames$：流的最大传输速度。对于 A 类流量，该值为 8000 帧 /s 的倍数（例如，该值为 2，代表帧的最大传输速度为 16000 帧 /s）；对于 B 类流量，该值为 4000 帧 /s 的倍数。

（2）CBS 相关参数说明

由 4.2.2 小节中对于 CBS 的技术特征描述可知，CBS 可通过不同队列信用值的变化，实现对不同业务数据流传输的控制。在 IEEE 802.1Qav 中，对于信用值相关参数及各参数间的关系说明如下。

① $idleSlope$：SR 类业务流所对应的队列无数据帧发送时，该队列信用值的信用累积速率，单位为 bit/s。在数值上，该值与上节中 $operIdleSlope(N)$ 值相等，但不会超过端口传输速率 $portTransmitRate$。

② $sendSlope$：SR 类业务流所对应队列有数据帧正在发送时，该队列信用值的信用减少速率，单位为 bit/s，其值计算方式为 $sendSlope = idleSlope -$

portTransmitRate。

③ *transmit*：队列数据传输状态标志位。当队列有数据帧发送时，该值为"TURE"；当队列中数据帧发送完毕时，该值为"FALSE"。

④ *transmitAllowed*：队列信用值标志位。当队列信用值 ≥ 0 时，该值为"TURE"；当队列信用值 < 0 时，该值为"FALSE"。

⑤ *loCredit*：SR 类业务流所对应队列信用值累积的最小值，单位为 bit，其计算方式为 *loCredit= maxFrameSize* × （*sendSlope / portTransmitRate*）。

⑥ *hiCredit*：SR 类业务流所对应队列信用值累积的最大值，单位为 bit。

（3）应用示例及流程分析

对于支持 CBS 传输选择算法的队列，数据帧进行发送传输需要满足两个条件：一是队列中至少有一个数据帧；二是队列的信用值标志位（*transmitAllowed*）值为"TRUE"，即该队列的信用值 ≥ 0。

本小节中将用 3 个应用示例分别说明 CBS 的运行流程。

① SR 队列中仅有一个数据帧，且发送端口无冲突场景。SR 类业务流所对应队列中有一个数据帧排队等待发送，当前该队列的信用值为 0，并且其他高优先级队列中并无数据进行发送。SR 队列中仅有一个数据帧且发送端口无冲突流程如图 4.5 所示。

② SR 队列中仅有一个数据帧，且发送端口有冲突场景。SR 类业务流所对应队列中有一个数据帧排队等待发送，当前该队列的信用值为 0，但当前发送端口被其他队列数据帧抢占。SR 队列中仅有一个数据帧且发送端口有冲突流程如图 4.6 所示。

③ SR 队列中有多个数据帧，且发送端口有冲突场景。SR 类业务流所对应队列中有多个数据帧排队等待发送，当前该队列的信用值为 0，但当前发送端口被其他队列数据帧抢占。SR 队列中有多个数据帧且发送端口有冲突流程如图 4.7 所示。

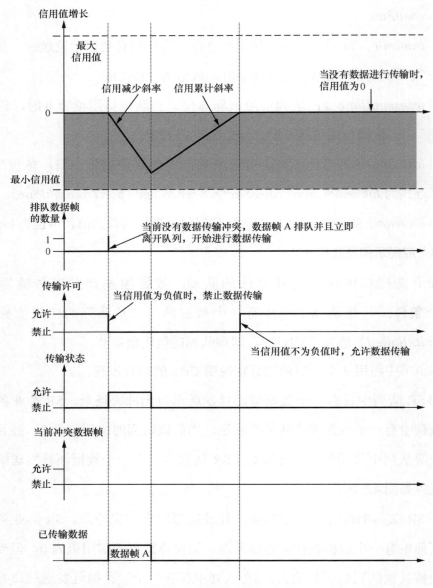

图4.5 SR队列中仅有一个数据帧且发送端口无冲突流程

在图 4.5 中，SR 队列数据帧能够即刻发送，并且该队列所对应的信用值在以 *sendSlope* 的速率减小，此时队列的信用值为负。当该数据帧传输完成后，该队列的信用值以 *idleSlope* 的速率增加，直至队列的信用值为 0。如果此时队列中尚有在排队等待的数据帧，则在队列信用值恢复为 0 的时刻，该数据帧又能抢占发送端口进行数据发送。

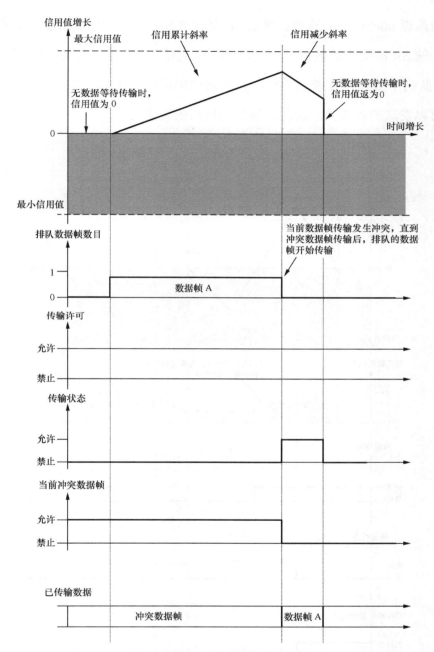

图4.6 SR队列中仅有一个数据帧且发送端口有冲突流程

与图 4.5 所示的场景不同，在图 4.6 所示的场景中，虽然 SR 队列中数据帧具备发送资格（队列中有数据帧且当前队列信用值为 0），但发送端口被其他队列中数据帧抢占。因此，从 SR 队列中数据帧 A 等待发送时刻起，该队列

信用值就以 *idleSlope* 的速率在增长，直至冲突数据发送完毕，发送端口可用后，开始传输 SR 队列中的数据帧。此时，SR 队列信用值以 *sendSlope* 的速率减少。在 SR 队列中数据帧发送完毕时，该队列信用值仍大于 0，但当前队列中已经没有可以发送的数据帧，因此，该队列信用值设置为 0。

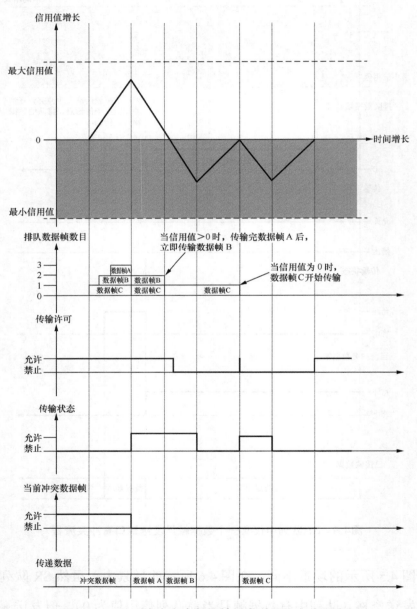

图4.7　SR队列中有多个数据帧且发送端口有冲突流程

在图 4.7 所示的场景中，SR 队列中有 3 个数据帧等待发送，分别为 "数据帧 A、数据帧 B、数据帧 C"，虽然当前 SR 队列信用值为 0，但由于发送端口被占用，SR 队列中的数据帧仍然需要排队等待。

从 SR 队列中有数据帧等待传输时刻起，SR 队列信用值以 *idleSlope* 速率增长。在冲突数据帧发送完毕时，SR 队列开始进行数据帧发送，此时，SR 队列信用值以 *sendSlope* 的速率减小。当数据帧 A 发送完毕时，此时，队列信用值＞0，还能继续发送数据，因此，紧接着发送数据帧 B。随着数据帧 B 的发送，SR 队列信用值继续以 *sendSlope* 的速率减小。当数据帧 B 发送完毕时，虽然队列中仍然有数据帧 C 等待发送，但由于此时队列信用值已经为负，*trasmitAllowed* 的值为 "FALSE"，不能继续进行数据发送，需要等待队列信用值以 *idleSlope* 速率增长恢复为 0。当 SR 队列信用值恢复为 0，*trasmitAllowed* 的值为 "TRUE"，且发送端口无占用，数据帧 C 开始发送。此时，SR 队列信用值以 *sendSlope* 的速率减小，当数据帧 C 发送完毕后，该队列信用值以 *idleSlope* 速率增长至 0。

4.2.4　小结

本节重点介绍了基于信用的整形机制，该机制是 IEEE 802.1Qav 中定义的时间敏感流转发和排队机制 FQTSS 提出的一种满足音视频业务流实时传输需求的流量整形机制。CBS 的应用需要与 IEEE 802.1Qat 定义的流预留协议（SRP）进行协同，实现传输链路中带宽资源的预留，从而保障音视频等 SR 类高优先级业务的数据传输。

CBS 引入 "信用值（Credit）" 概念，并对信用值的增加速率和减少速率进行了定义，通过 FQTSS 及 CBS 中定义的相关参数完成信用值更新、带宽需求及预留运算，并定义了信用值与队列数据传输资格间的关系，实现不同优先级业务流、不同队列间的有序管理，主要起到 3 个方面的作用，具体如下。

① 引入了业务优先级策略，SR 类业务的优先级较非 SR 类业务的优先级高，可防止低优先级业务对高优先级业务的干扰，满足高优先级业务实时性传输的需求。

② 兼顾传输公平性，通过限制最大可预留资源带宽，制定信用值与传输授权的关系，保证低优先级业务传输资格；并通过信用值控制，提升低优先级业务抢占到发送端口的概率。

③ CBS 通过基于信用值的整形方式，能够有效平滑音视频流量的突发特性，提供相对稳定的时延抖动保障。

通过 CBS 与 SRP 的协同结合，IEEE 802.1Qav 能够在虚拟局域以太网 7 跳范围内，保证音视频桥接 SRA 类业务的时延低于 2ms，B 类时延低于 50ms。然而，通过 CBS 可以看出，当队列中有多个数据帧等待发送时，信用值的控制会导致数据传输平均时延的增加，因此，CBS 虽然满足了音视频业务的传输和时间同步的需求，但却不能满足更低时延和更低抖动的工业控制业务要求。

4.3 时间感知整形机制

在现代工业和汽车控制应用场景中，网络传输的数据包括工厂或机械操作等至关重要的控制回路参数，这些数据具有周期特征，数据的延迟交付可能会导致控制系统的不稳定、不准确及控制回路操作的失败。同时，在数据传输的过程中，低优先级的数据可能先于高优先级数据传输，导致高优先级数据在队列中等待，增加高优先级数据的传输时延。如果传输时延发生在每一跳上，累积的时延则会造成数据传输的不确定性，对于高优先级控制的应用是不可接受的。

不确定时延数据帧的传输不但满足不了高实时需求的工业控制类应用，而且随着链路负载的加重，时延也将变得不稳定，进一步加剧了传输时延的不确定性。为满足等时及强实时工业控制业务的传输需求，工业领域采用了多种改进的现场工业通信新技术，这些新技术采用的是专用的、高度工程化网络。然而，这些网络仅用于传输时间触发的流量，造成网络带宽的利用率低下，若提供一个专门用于控制的网络，则部署及运营成本是很高的。因此，在同一网络中需要实现既满足时间触发流量的传输要求，又能够将时间触发流量和其他数据业务的流量进行混合传输，是 TSN 工作组制定时间感知整形器的主要驱动力之一。

IEEE 802.1Qbv 是 TSN 的重要核心协议之一，TAS 是当前时间敏感网络调度整形机制研究及设备实现中使用最为广泛的整形机制。本节将对 IEEE 802.1Qbv 提出的时间感知整形机制（TAS）的技术特征、详细的门控机制进行介绍。

4.3.1 机制概述

基于信用的整形机制仅能提供 2ms 和 50ms 的有界时延保障，而且单跳时延的最坏情况可能会达到 250μs，这完全不能满足高实时性要求的工业控制类应用需求。AVB 在 2012 年正式更名为 TSN 工作组后，于 2016 年发布了 IEEE 802.1Qbv 标准，提出了增强流量调度方案，即时间感知整形机制（TAS），同时提出了门控机制，在时间粒度更小的情况下，加强了实时数据传输的调度粒度，满足了高实时业务对传输时延、抖动的需求。

TAS 的核心是时间感知的门控机制，这是一种基于时间对队列的传输开关进行控制的机制。当队列的门状态为"开"（Open）时，该队列中的数据包能够进行传输；当队列的门状态为"关"（Close）时，该队列的数据包需要在队列中等待，直到其门状态变为"开"。而门状态的开关是由基于时间的门控列表（Gate Control List，GCL）来进行定义的。如果门控列表定义完成，则门会周期性地重复执行。

由此可知，基于门控机制，TAS 能够实现不同优先级队列间传输的"隔离"，即高优先级业务流和低优先级业务流在传输介质上的传输时间完全不重合，避免了 CBS 中低优先级业务对高优先级业务传输的"干扰"，从而能够保障高优先级业务基于精准时间的转发，为等时、强实时需求的工业控制类业务等时间敏感流提供了超低时延及抖动的保障。

然而，需要注意的是，IEEE 802.1Qbv 仅对门控机制进行了定义和标准化，但是 TAS 机制仅是对时间敏感网络中一个网桥设备的一个发送端口的发送机制进行了规范，而数据的传输需要经过多个网桥设备，如何实现多网桥设备间门控列表的相互协同，为敏感类业务流端到端的传输提供一条"专用快速通道"，IEEE 802.1Qbv 中并未有任何规定或解决方案，这也是目前 IEEE 802.1Qbv 在组网过程中面临的一个复杂问题，在学术界吸引了大量针对时间敏感网络组网环境下端到端门控协同机制的研究。

4.3.2 TAS 机制架构

时间感知整形机制的核心在于门控机制，通过设置与时间关联的门控列表，实现时间对门状态的控制，进而允许或禁止传输选择功能从相应的队列中选择数据，对其转发。TAS 机制架构示意如图 4.8 所示。

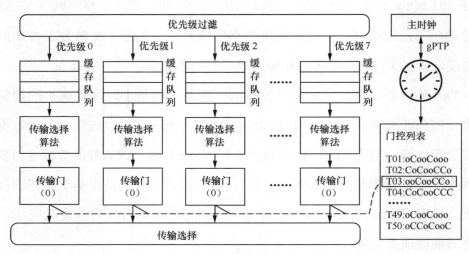

图4.8　TAS机制架构示意

时间感知整形机制主要由优先级过滤器、缓存队列、传输选择算法、传输门、传输选择、门控列表等部分组成。时间感知整形机制完成不同优先级在输出端口不同队列中的映射，并基于门控列表实现对不同队列门状态的控制。

① 优先级过滤器（Priority Filtering）：识别传输报文 VLAN 字段当中的优先级代码字段 PCP 中的值。PCP 优先级分为 0 ～ 7 共 8 个代码，每一种流量都有各自的优先级代码，并且每一个优先级代码对应一个相应的队列。传输的各个流量经过优先级过滤器后得到各自的优先级代码，到相应的缓存队列中排队。

② 缓存队列（Buffer Queue）：按照先入先出的顺序规则传入和传出数据帧。在传输门的状态为打开时，队列中缓存的数据会按顺序依次传出。反之，传输门为关闭状态时，不再进行数据的传输。每个队列缓存的数据都有最大服务数据单元大小，超过最大服务数据单元大小的数据帧会被丢弃。

③ 传输选择算法（Transmission Selection Algorithm）：有严格优先级，CBS 等传输选择算法进入数据，根据定义的算法在端口进行数据传输。

④ 传输门（Transmission Gate）：从传输数据队列连接或者断开传输选择的一个控制门。允许或禁止从相关的队列中选择数据帧进行传输，传输控制门有两种状态，即打开和关闭。

⑤ 传输选择（Transmission Selection）：在转发传输完符合传输条件的数据帧之后，传输选择部件会选择符合条件的数据帧进行转发传输，符合条件的数据帧的传输门为打开状态且队列中有数据帧要进行传输。同时，传输选择部件在选择下一数据帧进行传输时，会检查传输门和整形机制的状态，如果传输门和整形机制的状态发生改变，数据帧的传输也会发生改变。

⑥ 门控列表（Gate Control List）：每个端口都包含一个有序的门操作状态列表。每个门操作都会改变与每个端口流量类队列相关联门的传输状态。门控列表中 T01 代表的是 T01 时间点，O 代表的是在该时间点传输门的状态为打开，C 代表的是在这个时间点传输门的状态为关闭。随着时间的流逝，门控列表会依次执行各个时间点的门传输操作状态，TAS 传输的数据具有周期

性，因此，门控列表在执行完 T50 门状态操作后，重新从 T01 开始执行下一个循环。

由门控列表的设置可以看出，门控列表中对于门状态的控制具有一定周期性，因此，TAS 更适合周期性的工业控制业务。

TAS 要求终端节点及各网桥设备之间实现时间同步，门控列表的设置实现了数据转发与时间的关联，能够通过门控列表来控制队列数据"什么时候"发送。由于数据包在链路中的传播时延是可以预测的，所以数据包到达下一节点的时间也是可以预测的，从而实现数据传输的"确定性"。

4.3.3　TAS 中门控相关参数说明

门控机制是时间感知整形的核心，为了实现基于精准时间的转发，TAS 在每个输出端口定义了一整套用于门状态控制的参数及用于门控列表设置的参数。

由门控列表的结构可知，门控列表设置了每个端口中所有 8 个优先级队列在不同时刻的门状态，门控列表中的每一条记录对应着某一时刻端口中所有队列应该进行的门操作。因此，TAS 定义了 2 个参数规范门操作。

（1）门状态参数

该参数用来标记门的开闭状态，有 2 个取值，分别对应门"开"（Open）和"关"（Close）的状态。当该参数完成设置时，该队列对应的门状态就会立刻进入所设置的状态，并触发相应的门状态事件，即"Gate-open"或"Gate-close"事件，以便后续用于基于状态机的控制。

（2）间隔时间参数

间隔时间参数用来反映门控列表中一条门操作所对应的执行时间。当前门控列表中一条门操作已经执行了"Time Interval"时间后，则会跳转到下一条门操作。

在 TAS 中，门控列表是周期性执行的，而门控列表的执行主要通过状态机进行控制，IEEE 802.1Qbv 中对于门控列表的执行定义了 3 种状态机。

① 循环时间（Cycle Timer）状态机：用于定义及维护每个端口所对应的门控列表的循环执行周期；可对循环开始时间进行设置。

② 列表执行（List Execute）状态机：用于控制及保证门控列表中的每条门操作能够按序执行，并对每条门操作的执行时间进行控制。

③ 列表配置（List Config）状态机：用于管理因当前调度策略变化而导致的门控列表操作更新的进程。当该更新进程运行时，可以中断上述 2 个状态机正在进行的操作，并且能够在新的调度表和门控列表中完成更新，然后重启前述 2 个状态机。

4.3.4　TAS 中的时间保护带

时间感知整形机制通过对不同优先级队列的门状态进行控制，基于门状态实现了不同优先级队列数据传输的"隔离"，可以看到经过 TAS 机制后，不同优先级业务流在传输介质上呈现出"时分"局面。基于 TAS 的不同优先级业务发送窗口示意如图 4.9 所示。对于高优先级业务在传输介质上的发送时间，将其称为"受保护数据流发送时间窗口"，而对于其他低优先级业务在传输介质上的发送时间，将其称为"未受保护数据流发送时间窗口"。在"受保护数据流发送时间窗口"时，通过门控关闭了其他队列数据流的发送，只允许高优先级的时间触发数据流的传输，从时间维度上隔离了普通流对高优先级时间敏感流的影响。

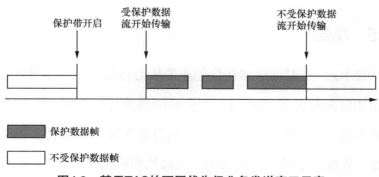

图4.9　基于TAS的不同优先级业务发送窗口示意

然而，在上一个"未受保护数据流发送时间窗口"结束，而当前"受保护数据流发送时间窗口"开启时，如果此时低优先级队列中正好有尚未发送完的数据包，而高优先级队列中正好有数据要发送，则会出现发送"碰撞"的情况，导致 2 个队列的数据都发送不成功。对于低优先级队列而言，数据可以在下一周期"未受保护数据流发送时间窗口"开启时再重传，但对于高优先级队列数据而言，数据重传会增加端到端时延，并且会导致时延抖动，这是不可接受的。

因此，为了保证高优先级队列进行数据发送时传输端口和链路是"干净"的，即没有其他低优先级业务占用端口或占用与高优先级业务流相同的链路，在"未受保护数据流发送时间窗口"和"受保护数据流发送时间窗口"之间设置保护时间带（Guard Band）。在保护时间带开启后，低优先级队列将不被允许进行数据发送。

如果能够确定当前低优先级队列中正在排队的数据帧长度，那么保护时间带的长度可以根据该数据帧的大小进行设置，但是这样的信息获取存在一定不确定性，为了确保在最差情况下低优先级队列不会干扰高优先级队列的数据传输，保护时间带长度设置为最大数据帧长度（1500 字节数据帧）的传输时间。

"时间保护带"虽然能够确保同一发送端口中高优先级队列与低优先级队列"隔离"，但却引入了新的等待时延，我们将在 4.6 节介绍帧抢占机制，该机制将会使时间保护带长度缩短，从而能够提升 TAS 的时延性能。

4.3.5 小结

IEEE 802.1Qbv 是时间敏感网络的重要核心协议之一，本节重点介绍了该协议中提出的时间感知整形机制。该机制能够为等时及强实时工业控制业务等时间敏感业务流的传输提供低时延和低抖动保障，能够使多类型业务在以太网上实现，兼顾以太网上数据传输的实时性和确定性。

时间感知整形机制的核心是基于精准时间的门控机制，门状态、门控列表运行状态机等参数的协同运行，能够将不同优先级的业务流映射到相应的出口队列，通过控制队列的门开关状态实现数据的"交织"传输，在时间片上划分出保障高优先级业务的专有传输时间窗口，从而能够完全"隔离"低优先级业务流传输造成的干扰，保证高优先级队列中数据传输的确定性。

为了完全避免低优先级业务对于高优先级业务的干扰，在低优先级传输时间窗与高优先级传输时间窗，即"未受保护数据流发送时间窗口"和"受保护数据流发送时间窗口"之间设置了保护时间带，用以保证高优先队列数据发送时端口和链路完全处于可用状态。这种方式在一定程度上降低了带宽资源的利用率。

需要强调的是，虽然 TAS 机制非常重要，也是当前时间敏感网络设备实现中采用最为广泛的机制，但不能将 TAS 与 TSN 机制等同。另外，IEEE 802.1Qbv 仅仅是对 TAS 机制的设置进行了标准化，至于在多设备协调组网时如何通过不同设备间的门控列表协同，为高优先级业务流建立一条端到端的"受保护"通道，并未在协议中给出相应的解决方案，这也是 TAS 机制在多设备、多业务流复杂场景下组网面临的难题，也是当前学术界针对 TAS 机制开展研究较为集中的热点之一。

4.4 循环排队转发机制

时间感知整形机制虽然能够为高优先级业务流实现逐跳逐包的微秒级调度，但是，一方面，由于门控列表配置需要在端到端涉及的终端站点和网桥设备之间进行配置，而且需要门控列表之间相互协同，才能为高优先级业务的端到端传输构建一条"隔离"的保护通道，所以随着网络规模、业务流数量的增加，这种配置的复杂度急剧上升；另一方面，由于网桥设备的门控列表容量有限，不能无限制地配置门控条数，所以导致在复杂网络和业务环境下，不一定存在保障高优先级业务流端到端传输的可行调度解。由此可知，IEEE 802.1Qch 协议制定了循环排队转发（CQF）机制，该整形机制与拓扑结构无关，在多设备组网、多业务流共存的场景中不会增加算法复杂度，可以根据端到端时延要求进行传输路径选择和网桥配置，具有很好的可扩展性。

IEEE 802.1Qch 是 TSN 的重要核心协议之一，CQF 是当前时间敏感网络调度整形机制研究及设备实现中使用较为广泛的整形机制。本节将介绍循环排队转发机制的技术特征、详细的数据转发和控制流程。

4.4.1 机制概述

基于信用的整形机制和时间感知整形机制都是在出口队列对业务流进行管理和控制，而循环排队转发机制不仅需要在网桥设备的出口处进行队列管理，还需要在网桥设备的入口处进行队列管理，需要入口和出口队列协同控制才能完成数据在网桥节点的一次转发。CQF 功能的实现需要满足一些前提条件：首先，需要支持时间同步，上下游的网桥节点只有在时间上对齐，才能要求周期时间内进行数据的输入和输出管理；其次，CQF 需要 IEEE 802.1Qci 提出的每流过滤与监管（Per-Stream Filtering and Policing，PSFP）策略完成网桥节点输入队列的流过滤和监管；最后，CQF 需要在入口队列和出口队列都支持基于时间的门控机制，从而能够基于门控列表完成入口队列和出口队列的数据转发管理。因此，在一定程度上，可以认为 CQF 是协同使用 IEEE 802.1Qbv 提出的 TAS 和 IEEE 802.1Qci 提出的 PSFP，从而达到了数据"周期性蠕动"转发的功能。

"数据包每个时隙周期在每个桥仅走一步"或"周期性蠕动"是 CQF 机制的核心特征，即网桥节点在某个时隙接收到的数据包一定会在下一时隙转发出去。与 TAS 将输出端口的传输时间分为"受保护数据流发送时间窗口""未受保护数据流发送时间窗口"、保护时间带不同，CQF 将输出端口的传输时间分为一系列相等的时间间隔，每个时间间隔被称为一个时隙周期。另外，CQF 采用了"奇偶队列"数据转发机制，即在网桥节点设置了入队列和出队列，每个队列都设置了门控。在同一时隙周期，队列只能处于"接收数据包"或"发送数据包"状态，即当前时刻作为"入队列"的队列只能接收数据，作为

"出队列"的队列只能发送数据。然后通过奇偶两个队列交替执行入队和出队操作，从而实现数据的"蠕动转发"，即 CQF 能够确保当前网桥节点在一个时隙周期内接收来自上游节点的数据包，在下一个时隙周期内将该数据包转发到下游节点。

由此可知，基于 CQF 的数据转发端到端时延仅取决于时隙周期的大小和路径跳数，与网络拓扑无关，假设时隙周期大小为 T，端到端路径跳数（也可视为经过的网桥节点数目）为 H，则基于 CQF 的端到端时延上界为 $(H+1)T$，时延下界为 $(H–1)T$，端到端时延抖动最大为 $2T$。CQF 利用 PSPF 与 TAS 结合的方式，使队列形成周期排队转发，从而使数据传输的时延是"确定的"。

4.4.2　CQF 机制架构

为了完成"数据包每个时隙周期在每个桥仅走一步"的目标，在一个网桥设备中，CQF 机制包括一个循环定时器，配置至少 2 个传输队列作为奇偶队列，并且为每个队列配置入队门控和出队门控。CQF 机制架构如图 4.10 所示。

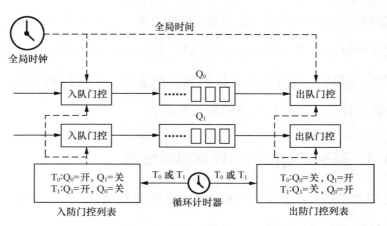

图4.10　CQF机制架构

循环定时器：用于计时。当时间从一个时隙周期到下一个时隙周期时，循环定时器会向门控发送信号，以改变出队门状态和入队门状态。假设一个时隙周期的时间长度为 T。

入队门控：与出队队列的实现方式不同，入队队列使用的是 IEEE 802.1Qci 的入口策略。入队门控除了控制入口队接收数据的时间，还能对入口的数据包进行监控和过滤，主要用于对进入交换机的数据包大小进行控制。对于入队门控的周期，由于需要执行两条门控操作，每条门控操作的执行时间为 T，所以入队门控周期一般为 $2T$。

出队门控：出队队列使用 IEEE 802.1Qbv 的时间感知整形机制，通过门控列表控制出口队列的数据发送时间。对于出队门控的周期，由于在网桥输出端口有 8 个队列，除了用于 CQF 的两个队列，其他队列还可能用于其他业务的传输，所以对于出队门控周期，一般是 $2T$ 的整数倍。如果在最简单的配置下，即只需配置 2 个队列支持 CQF 功能，其他队列不需要配置门控，则出队门控周期为 $2T$。

为了支持 CQF 功能，入队门控和出队门控必须相互配合，对于一个队列，当其入队门控处于关的状态时，其出队门控一定是开的状态，保证该队列只接收不发送或者只发送不接收数据包。为了实现出口队列和入口队列的协同控制，CQF 中定义了奇偶队列，TSN 网桥设备一般设置 8 个队列，在 8 个队列中选取 2 个队列作为奇偶队列。例如，在一个时隙周期中，奇队列只负责接收数据包，偶队列只负责发送数据包。到了下一个时隙周期时，奇队列只负责发送数据包，偶队列只负责接收数据包。

4.4.3　基于 CQF 的端到端时延分析

实现 CQF 需要结合 IEEE 802.1Qci 的每流过滤与监管策略（PSFP）和 IEEE 802.1Qbv 的 TAS 机制。

PSFP 主要分为流过滤、流门控和流计量 3 个部分，流过滤主要对网桥的输入接口进行控制。PSFP 在循环排队转发机制中主要起到两个作用：一是根据对应业务流或优先级，匹配相应的策略表，相应地对 CQF 的入队队列进行管理；二是对入队数据进行过滤及监管，根据策略快速地对数据包进行处理，将不符合要求的数据包丢弃，将符合要求的数据包根据优先级快速映射到出口的奇偶队列。总而言之，通过 PSFP 对数据进入队列进行预先判断，CQF 能够严格对不同优先级、不同类型的业务流进行精细化的控制。

在出口队列管理中，CQF 利用 TAS 实现数据帧基于精准时间的转发。通过入队门控和出队门控的协同控制，达到数据包"蠕动"传输的目的，实现端到端时延的"有界性"。本节将重点分析基于 CQF 的数据端到端时延，证明基于 CQF 的数据转发端到端时延仅取决于时隙周期的大小和路径跳数，与网络拓扑无关。

根据 CQF 时隙周期的划分策略，将输出端口时间划分为长度为 T 的均匀、连续的时隙。为方便叙述，用 n，$n+1$，…，$n+x$ 表示时隙周期的编号，网桥节点中的奇偶队列用 Q_0 和 Q_1 表示。CQF 时隙周期划分示意如图 4.11 所示。

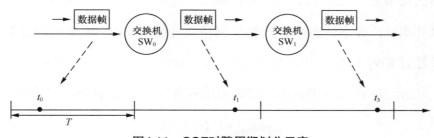

图4.11　CQF时隙周期划分示意

如果数据帧 f 在第 n 个时隙周期中的 t_0 时刻到达交换机 SW_0，此时，在这个时隙周期内，TSN 网桥节点 SW_0 内的队列 Q_0 的入队门状态为"开"，出队门状态为"关"，表示当前队列 Q_0 用来接收数据帧；同时，当前时刻队列 Q_1 的入队门状态为"关"，出队门状态为"开"，表示当前队列 Q 用来发送数据。

当时间到第 $n+1$ 时隙周期时，队列 Q_0 的出队门状态变为"开"，而入队门的状态为"关"，表示当前队列 Q_0 可以进行数据帧发送。因此，已经于前一个时隙周期到达 Q_0 的数据帧 f 会被转发到下游 TSN 网桥节点 SW_1，并假设其到达 SW_1 的时间为 t_1；参照数据帧在 SW_0 中的处理方法，数据帧 f 会被映射到 SW_1 中的一个入口队列，并在下一个时隙周期中从 SW_1 发出。以此类推，实现了数据帧在多个 TSN 交换机间的"蠕动"传输。

结合上述实例，进一步分析数据包在一个交换机节点中的转发时延上下界。数据帧 f 经过 SW_0 网桥节点的时延是（t_1-t_0）。首先，分析该时延的上界，即最差情况时延（Worst Case Delay，WCD）。在最差情况下，该数据帧是在第 n 个时隙周期的起始点，即该时隙周期的最左端点，到达网桥节点 SW_0，而在第 $n+1$ 个时隙周期的终止时间点，即该时隙周期的最右端点，发送到 SW_1，数据帧在一个网桥节点中的时延刚好是 2 个时隙周期的长度，即 $2T$；接着，分析数据帧在一个网桥节点中时延（t_1-t_0）的下界，即在最理想情况下的时延。在最理想情况下，数据帧在第 n 个时隙周期终止时间点（该时隙周期的右端点）到达 TSN 网桥节点 SW_0，而在第 $n+1$ 个时隙周期的起始时间点（该时隙周期的左端点）发送到 SW_1，数据帧在一个网桥节点中的时延为 0。

以此类推，数据帧通过 2 个 TSN 网桥节点的时延很容易就可以计算出来，数据帧经过 SW_0 和 SW_1 的时延为（t_2-t_0），其时延上界是 $3T$，下限是 T。利用归纳法可知，基于 CQF 的数据帧在时敏感网络中的端到端时延上下界如下。

$$Delay_{max}=(H+1)\times T \qquad 式（4-1）$$
$$Delay_{min}=(H-1)\times T \qquad 式（4-2）$$

在式（4-1）和式（4-2）中，H 表示数据帧在网络中所经过的跳数，即所经过的 TSN 网桥节点的数量。由此可知，CQF 机制的时延只与数据帧在网络中的跳数有关，并且其端到端时延抖动具有确定的区间。

4.4.4　CQF 整形机制参数设置

前面小节中主要探讨了仅有一条业务流情况下基于 CQF 整形机制的数据端到端传输时延分析。在网络中仅有单一业务流的情况下，只需将时间划分为长度为 T 的时隙周期，然后设置网桥节点中的 2 个门控表（入队门控和出队门控）来确保数据帧在网桥节点上的"蠕动传输"。其中，T 的大小影响了端到端的时延和丢包率，如果该值设置过大，那么虽然能保证数据的完整接收和发送，但是会造成过大的端到端时延，并且网桥节点中需要设置较大的缓存资源；如果该值设置过小，那么会导致队列过短，使一个时隙周期内的数据转发能力有限，导致数据帧在一个时隙周期内无法传输完。因此，时隙周期 T 的大小至少要大于数据帧在网桥节点中的总时延（处理时延、排队时延、传输时延和链路传播时延之和）。

本小节将重点阐述多业务流情况下 CQF 机制的设置策略，包括时隙周期大小 T 的选择策略和门控列表设置策略、上下游网桥节点速率不匹配时的门控列表循环交织策略。

（1）多业务流场景下的 CQF 配置策略

为了方便阐述，本节对存在两条业务流需要 CQF 配置的场景进行分析。如果 CQF 要传输两条业务优先级不同、时隙周期长度不同的业务流，那么对于配置 PSFP 及入队门控和出队门控都要做相应的改变。

假设系统中有两种类型的业务流，分别为业务流 A 和业务流 B，两条业务流均是需要进行时延保障的高优先级业务流。其中，业务流 A 的时隙周期长度 T_A 设为 125μs，业务流 B 的时隙周期长度 T_B 设为 250μs。具有 2 个时隙周期长度值的入口队列门控配置示意如图 4.12 所示，使用 1 号流门控（stream gate 1）处理业务流 A（优先级 3）的传入帧，其入队门控列表周期为 T_A 的 2 倍，即 2×125μs，保证一个时隙周期是奇队列接收数据帧，另一个时隙周期是偶队列接收数据帧。在入口处的 1 号流门控交替标记业务流 A 的内部优先级值（即经过流过滤后根据优先级映射到的队列编号）为 7 或 6（7 和 6 是数据流 A 的奇偶队列的编号，队列与优先级相关）。业务流 B（优先级 2）的输入数据帧由 2 号流门控（stream gate 2）处理，门控制列表的周期时间是 T_B 的 2 倍，即 2×250μs。2 号流门控交替标记这些数据包的 IPV 为 5 或 4（5 和 4 对应数据流 B 奇偶队列的编号）。

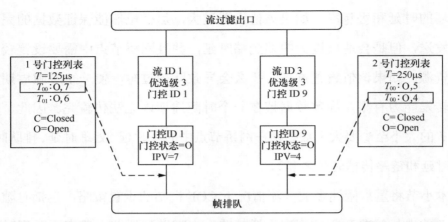

图4.12　具有2个时隙周期长度值的入口队列门控配置示意

出口队列门控列表的设置与当前网络中承载的业务流的时隙周期设置相关。一般情况下，需选用当前业务流中时隙周期长度较小的值作为出口的时隙周期长度。因此，在所述场景中，出口队列门控列表的循环周期长度应设置为125μs，由于2个业务流共占据了4个队列，所以出口队列门控列表的循环周期为4×125μs，即500μs。2个不同周期业务流的调度示例如图4.13所示，门控制列表每125μs改变一次队列7和6的门状态，每250μs改变一次队列5和4的门状态。

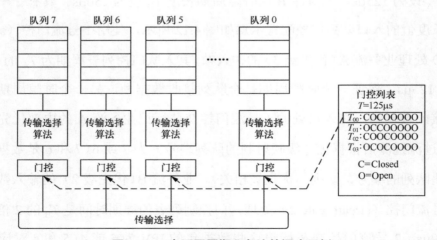

图4.13　2个不同周期业务流的调度示例

如果以0时刻作为门控的开始时间，则时隙周期分为以下4种情况。

①在 T_{00} 时隙周期内，执行第一条门控，此时，队列 7 和队列 5 分别处于"关"状态，即 2 个队列分别作为业务流 A 和业务流 B 的接收队列；队列 6 和队列 4 处于"开"状态，业务流 A 的数据帧从队列 6 发送，业务流 B 的数据帧从队列 4 发送。

②在 125μs 时，进入 T_{01} 时隙周期，即第二条门控的执行周期。在该门控执行周期内，业务流 A 对应的队列 7、队列 6 的门状态发生了改变，即队列 7 处于"开"状态，队列 6 处于"关"状态，此时，队列 6 用于入口处接收数据帧，队列 7 用于出口处发送数据帧；而业务流 B 对应的队列 5 和队列 4 的门状态仍与 T_{00} 时隙时相同。

③在 250μs 时，进入 T_{02} 时隙周期，即第三条门控的执行周期。在该门控执行周期内，业务流 A 和业务流 B 所对应队列的门状态均发生了变化。对于业务流 A，队列 7 处于"关"状态，队列 6 处于"开"状态；对于业务流 B，队列 5 处于"开"状态，队列 4 处于"关"状态。

④在 375μs 时，进入 T_{03} 时隙周期，即第三条门控的执行周期。在该门控执行周期内，业务流 A 对应的队列 7、队列 6 的门状态发生了互换；而业务流 B 对应的队列 5 和队列 4 的门状态仍与 T_{02} 时隙相同。

不难看出，当出队门控列表完成了一次循环时，业务流 A 所对应的奇偶队列经历了 2 次循环，而业务流 B 所对应的奇偶队列经历了 1 次循环。

以上就是在 CQF 对于 2 个不同时隙周期长度值业务流进行配置的案例，由此可知，网络中承载业务流的增多，将会增加 CQF 的配置及控制难度。

（2）出口队列门控列表循环交织机制

在网络边缘，通常会出现终端节点到网桥节点的速率较低，而网桥节点间数据转发速率较高的情况。在这种接收端口和发送端口之间数据速率不匹配的场景中，如果网桥节点 CQF 的出口队列门控列表仍采用通常设置的方式，即数据帧在第 i 个时隙周期到达网桥节点，在 $i+1$ 个时隙周期转发到下一节点，则会降低数据传输效率。因此，针对网桥节点接收与发送端口速率不匹配的场景，利用速率不匹配特征，提出了在数据发送速率大的端口进行门控列表周期循环交织的机制，以更加高效地利用链路资源。

CQF 出口队列门控列表循环交织机制的基本思想是在发送速率较高的发送端口，利用接收和发送速率之间的不匹配，压缩出口转发的时间，起到提高发送端口效率的目的。下面以一个 TSN 网桥节点为例，其具有 2 个接收端口（分别为接收端口 1、接收端口 2）和 1 个发送端口（发送端口的数据速率是接收端口数据速率的 2 倍），详细阐述 CQF 出口队列门控列表循环交织机制的工作流程。CQF 出口门控列表周期循环交织示例如图 4.14 所示。在图 4.14 中，假设不同接收端口的业务流优先级相同，PSFP 为接收端口 1 配置的奇偶队列为队列 7 和队列 6，队列 7 在奇周期接收数据，在偶周期发送数据，而队列 6 在偶周期接收数据，在奇周期发送数据；PSFP 为接收端口 2 配置的奇偶队列为队列 5 和队列 4，队列 5 在奇周期接收数据，在偶周期发送数据，而队列 4 在偶周期接收数据，在奇周期发送数据，但接收端口 2 的时隙周期与接收端口 1 的时隙周期存在 $T/2$ 的偏移量。

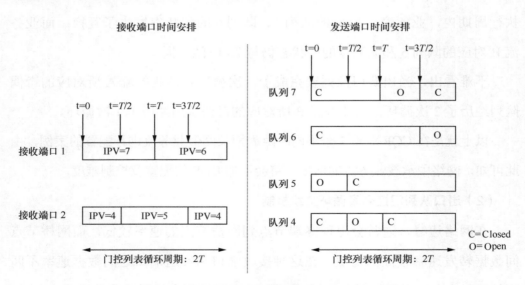

图4.14　CQF出口门控列表周期循环交织示例

由于网桥节点发送端口的数据速率是接收端口数据速率的 2 倍，即如果发送相同长度的数据帧，发送端口的发送时间仅为接收端口接收时间的 1/2，所以在进行输出端口门控设置时，其发送门控执行周期按照 $T/2$ 设置，从而实现 2 条业务流在输出端口的"交织"，即在 $T/2$ 的时间段内，仅有 1 个队列的数据可以进行发送。

如果采用原有的 CQF 转发机制，则出口队列的发送时间需要 $4T$，而利用接收端口与发送端口之间数据传输速率差，在出口队列进行门控列表周期的交织，对所有队列的发送时间压缩到 $2T$，从而提升高速率发送端口的利用率。

（3）相邻端口循环周期对准

此前的分析建立在一个假设之上，即发送端口与接收端口间的数据传输是瞬时的，并且所有设备之间时钟同步是理想的。然而，在实际网络部署中，设备之间数据传输需要时间，并且设备之间时间同步是不完全匹配的，在这种情况下，上一网桥节点发送端口发送最后一个数据帧时，由于存在链路传播时延和时钟同步误差，下游网桥节点入口队列状态正好发生转换（即原接收队列当前变为发送队列，而原发送队列变为接收队列），所以上游网桥节点发送的最后一个数据帧有可能被放入错误的队列中。

为解决上述问题，需要对输出端口的发送窗口时间进行"微调"，考虑到时钟同步、链路传播等特性，设置一个"时间偏移量"，即推迟一定"时间偏移量"后发送端口再开启，提前一定"时间偏移量"来结束发送端口的发送时间。这个"时间偏移量"受到很多因素的影响，主要包括几个方面：一是相邻网桥设备或终端节点设备之间时间同步的误差；二是数据帧在从上游节点到下游节点间的传播时延抖动和数据帧在网桥节点内部处理时延抖动等。

4.4.5　小结

IEEE 802.1Qch 是时间敏感网络的重要技术协议之一，本节重点介绍了该协议提出的循环排队转发整形机制是在 IEEE 802.1Qci 和 IEEE 802.1Qbv 的基础上设计的，涉及接收端口和发送端口的协同控制，通过设计"奇偶队列"，实现交替数据的接收和转发，实现数据帧一个时隙周期在网桥节点内部往前走一步，实现高优先级业务端到端传输的时延有界性。

CQF 的端到端时延与网络拓扑结构无关，仅与传输路径中经过的网桥节点数目有关，如果端到端路径跳数为 H，循环转发时隙周期为 T，则基于 CQF 的端到端时延上界为 $(H+1)T$，时延下界为 $(H-1)T$，最大时延抖动为 $2T$。另外，CQF 端到端时延与网络拓扑的无关特性，在一定程度上简化了复杂网络、复杂业务环境下的调度问题，只要根据业务流时延要求进行路径规划，并在选择路径上完成奇偶队列的出入门控设计即可，但在多条高优先级业务场景下，其调度设计还存在一定挑战，需与其路径规划进行联合考虑。

针对网络边缘中网桥设备节点输入和输出端口数据速率差异性问题，IEEE 802.1Qch 中提出了输出端口的队列门控列表循环交织机制，合理利用输入与输出端口的速率不匹配特征，压缩出队门控的开门时间，提升高速率输出端口的利用率。另外，针对实际组网中由于设备间时钟同步非理想造成的相邻接口循环转发时隙周期对齐，CQF 提出了设置"时间偏移量"方式，控制发送窗口的开启和结束时间，避免循环时隙周期切换导致数据帧进入错误队列的问题。

4.5　异步流量整形机制

TAS 或 CQF 虽然能够为实时或强实时需求的工业控制业务提供低时延和有界时延保障，但其前提是网络各设备之间需实现高精度时间同步，TAS 和 CQF 的核心是基于精准时间的数据转发，而且由于其门控周期是固定循环执行的，对于周期性业务流的保障更有效，对于非周期或突发型时间敏感类业务的时延保障并不十分有效。

IEEE 802.1Qcr 中提出的异步流量整形机制（ATS）是对 TSN 调度整形机

制的一个延展和增强，目前，该标准的最新版本为 2020 年 9 月确认的 IEEE 802.1Qcr-2020，ATS 机制也还在进一步完善和标准化中。为了让读者对 ATS 机制有初步的了解和认识，本节将主要分析 ATS 机制的架构、原理及数据传输流程。

4.5.1　机制概述

为了解决非周期性数据的传输零拥堵丢包问题和周期性的数据无法最大化使用链路带宽的问题，针对时间同步非严苛条件下网络带宽优化利用目标，IEEE 802.1Qcr 提出了异步流量整形机制（ATS），这是一种基于紧急程度的调度器（Urgency Based Scheduler，UBS），通过速率控制的服务策略来进行数据调度。ATS 工作原理如图 4.15 所示，支持 ATS 功能的队列都有一个整形机制绑定，整形机制中包含整形算法和本地时钟，基于令牌机制计算数据帧的可调度时间，通过可调度时间控制队列的门控，达到为队列中流量进行整形的目的。

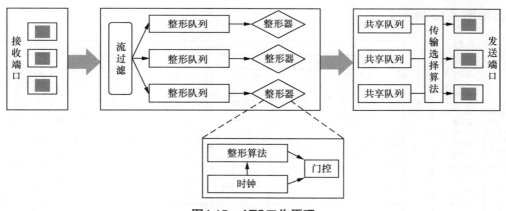

图4.15　ATS工作原理

为了在时间异步模式下对来自不同节点、具有不同需求的数据流进行灵活、优化的数据传输控制，ATS 调度器建立了分层的排队模型框架，通过映射到不同的队列来区分不同发送端口、不同优先级的数据流，并给予不同的传输控制策略。其队列映射的主要思想如下。

① 通过不同发送端口传输的数据帧不能映射到同一队列。

② 来自相同传输端口但优先级不同的数据帧不能映射到同一队列。

③ 来自相同传输端口并在传输端具有相同优先级的队列，如果在接收端具有不同的优先级，则不能映射到同一队列。

其中，后两条规则提供了基于优先级的队列区分机制，保证高优先级队列的数据传输不被低优先级队列干扰。

与 TAS/CQF 等时间触发型整形机制不同，ATS 采用事件触发机制，并不要求交换机和终端节点同步，提出了基于令牌桶整形机制的调度器，通过每跳重塑 TSN 数据流，在实时和非实时业务、周期和非周期业务混合模式下，ATS 也能保持带宽的高效利用，并且能够为高优先级业务提供有界时延保障。

4.5.2　ATS 架构及数据处理流程

ATS 整形机制的实现架构主要包括流过滤器、最大数据单元过滤器、流门控、ATS 调度器、ATS 调度器组和传输选择算法等组件。ATS 整形机制架构如图 4.16 所示。

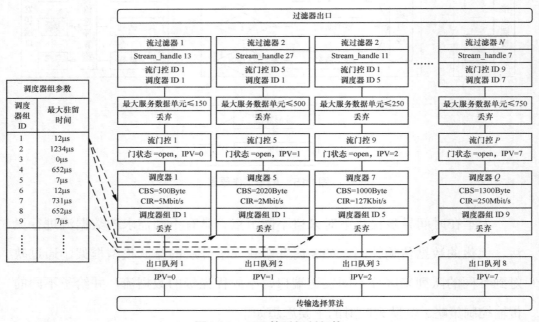

图4.16　ATS整形机制架构

数据流进入 TSN 网桥节点输入端口后，需要对数据流进行分类和计量，并将其映射到相应的出口队列。该步骤通过匹配数据帧的"stream_handle"字段和 VLAN 标签中的"PCP"字段，将该数据流分配给对应的流过滤器。其中，PSFP 和 ATS 共享相同的流过滤和计量组件（包括流过滤器、最大数据单元过滤器、流门控）。

流过滤器为数据帧指定后续经过的流门控和 ATS 整形机制，并丢弃不属于该数据流的数据帧；在经过流过滤后，数据帧进入最大服务数据单元（Service Data Unit，SDU）过滤器，超过最大服务数据单元大小限制的数据帧将被丢弃；随后，数据帧进入流门控（Stream Gate）的处理，该阶段会丢弃在非许可时段到达的数据包，并且将数据流优先级打上内部优先级值（Internal Priority Value，IPV）标签，IPV 主要用于网桥内部优先级队列的映射；分配了 IPV 的数据帧将进入指定的 ATS 调度器进行流量整形，整形过程采用基于令牌桶的交织调度算法，经过整形的数据帧将会分配可调度时间。该时间是数据帧预计的发送时间，根据该时间触发后续的传输选择算法。

经过 ATS 调度器后，该数据帧根据 IPV 值进入相应的队列等待发送。如果队列首帧分配的可调度时间（Assigned Eligibility Time，AET）早于或等于当前时间（当前时间由传输选择模块的时钟来确定），则该队列数据包可以被发送，可以发送的数据帧按照分配的可调度时间进行升序传输，即分配的可调度时间值越小就越早传输，具有相同可调度时间值的帧按照严格优先级来选择传输。

4.5.3 ATS 调度器

ATS 调度器主要实现 ATS 整形机制中的计算功能，用于计算和分配数据帧的可调度时间，并与 ATS 传输选择算法配合一起完成流量整形过程。

多个 ATS 调度器构成一个 ATS 调度器组（ATS scheduler group），对于每个接收端口、每类业务均设置一个 ATS 调度器组，专门处理特定接收端口上的特定类型业务流。

ATS 调度器主要定义了以下参数。

① 调度器标识（Scheduler Identifier，SI）：用于区分不同 ATS 调度器的标识。

② 调度器组标识（Scheduler Group Identifier，SGI）：用于指示该 ATS 调度器所从属的调度器组。

③ 最大允许令牌数（Committed Burst Size parameter，CBS）：ATS 调度器允许累积的最大令牌数目，单位为比特（bit）或字节（Byte）。

④ 令牌累积速率（Committed Information Rate，CIR）：ATS 调度器内单位时间令牌增长的速度，单位为 bit/s。

⑤ 令牌桶为空时间（Bucket Empty Time，BET）：表示令牌桶最近一次为空的时刻，单位为 s，该状态量由 ATS 调度器进行记录。

ATS 调度器组主要包括以下参数。

① 调度器组标识（SGI）：用于区分不同 ATS 调度器组。

② 最大驻留时间（Maximum Residence Time，MRT）：数据帧能够在交换机中驻留的时间限制。由 IEEE 802.1Qcr 中规定的时间分析方法推算得到数据帧每跳的时延上限，由此决定在交换机中的最大驻留时间，单位为 ns，并且该值被调度器组中所有调度器共享。

③ 调度器组可调度时间（Group Eligibility Time，GET）：一个 ATS 调度器组中任意一个 ATS 调度器最新处理完数据帧的可调度时间，单位为 s，并且该值为调度器组中所有调度器共享。

ATS 调度器对数据帧可调度时间的分配是通过 ATS 调度器状态机（ATS Scheduler State Machine，ATS SSM）来实现的。ATS 调度器状态机的核心运作思路是令牌桶交织调度算法，基于可容纳最大令牌数、令牌累积速率、最大驻留时间、数据帧到达时间及数据帧长度等多个状态参数，ATS 调度器状态机更新相关的"令牌桶为空时间"和"调度器组可调度时间"，从而实现对不同数据流的整形。

在 IEEE 802.1Qcr 提出的 ATS 调度器中，采用的机制属于令牌漏桶算法，数据帧的发送是与"令牌"数量相关的，每个调度器使用一个可调度时间来指示下一帧何时可以传输，只要"桶"中存在足够数量的"令牌"，就开始传输，否则，可调度时间还要包括积累足够的"令牌"所需的时间。如果一帧的长度超过当前的"令牌"数量，则门的状态是关闭的，直到"令牌"的数量随着时间增加到一定数量。通过这种方式，设备之间不需要经过时间同步，根据业务流可接受的每跳最大时延，通过控制令牌累积速度的方式来对数据帧发送速率和发送时间进行控制。

ATS 调度器状态机的运行基于 ATS 调度器时钟，作为本地系统时钟，该时钟用来记录数据帧到达时间。对于 TSN 交换机，可能会使用一个或多个 ATS 调度器时钟，在多时钟场景下，与同一个接收端口相关的所有 ATS 调度器使用相同的 ATS 调度器时钟。

为更好地阐述 ATS 调度器状态机的运作机制，下面将通过多个状态参数及变量的运算来阐述 ATS 调度器中的帧处理机制，相关参数的说明如下。

① *Arrival Time*：数据帧到达 ATS 调度器的时间。该参数由调度器的本地时钟可知。

② *Length Recovery Duration*：累积单个帧长度的令牌数目的时间。该参数由 Frame_length / CIR 得到，其中，"Frame_length"表示当前数据帧的大小。

③ *Empty To Full Duration*：令牌桶从空桶到桶满需要的时间。

④ *Bucketful Time*：令牌桶满的时间，从最近一次令牌桶为空到令牌桶积攒满令牌的时刻。该参数由 *Bucket Empty Time + Empty To Full Duration* 得到。

⑤ *Scheduler Eligibility Time*：调度器可调度时间，从最近一次令牌桶为空的时刻到令牌桶累积了传输数据帧所需令牌数的时间长度。该参数由 *Bucket Empty Time + Length Recovery Duration* 得到。

⑥ *Eligibility Time*：可调度时间。该时间是不考虑调度器和传输选择的时

钟偏差，仅由调度器计算出来的数据帧可调度时间。

⑦ *Assigned Eligibility Time*：分配的可调度时间。该时间是考虑调度器和传输选择的时钟偏差后的数据帧可调度时间，用于指示真正的数据帧发送时刻。

ATS 调度器状态机状态参数的更新算法主要包括 3 个步骤：第一步，通过数据帧的到达时间及调度器的当前令牌数状态、令牌数目累积时间等情况计算得到数据帧的可调度时间（Eligibility Time）；第二步，根据该数据帧单跳能够驻留的最大时间和数据帧到达调度器的时间，决定该可调度时间（Eligibility Time）是否有效；第三步，根据验证有效的可调度时间（Eligibility Time），结合传输选择算法模块的本地时钟得到用于数据帧发送的分配的可调度时间（Assigned Eligibility Time）。

其中，在第一步，可调度时间的更新规则为：*Eligibility Time* =Max（*Arrival Time*，*Group Eligibility Time*，*Scheduler Eligibility Time*）。

在第二步，判断可调度时间是有效的规则为：*Eligibility Time* ≤（*Arrival Time + Max Residence Time*/10^9）。因为最大驻留时间的单位为 ns，而到达时间和可调度时间的单位为 s，所以需要进行转换。如果计算得到的可调度时间不满足上述规则，则丢弃该数据帧。

在第三步，需要修正调度器本地时钟和传输选择模块本地时钟之间的偏移量，并且要考虑调度器的处理时延，从而在可调度时间的基础上修正得到数据帧的真正发送时间，即分配的可调度时间，其修正规则为：*Assigned Eligibility Time*= *Eligibility Time + ClockOffsetMin + ProcessinDelayMax*。其中，*ClockOffsetMin* 为调度器和传输选择模块间时钟的最小偏差；*ProcessinDelayMax* 为 ATS 调度器中的最大处理时延。

4.5.4　小结

异步流量整形机制是 IEEE 802.1Qcr 提出的一种新的 TSN 调度整形机制，

与此前介绍的 TAS、CQF 等整形机制不同，该机制采用事件触发，不需要设备之间的时间同步，通过引入令牌漏桶算法对业务流进行逐跳的速率控制与整形，解决非周期强实时业务的传输时延保障问题，并且能实现网络带宽的最大化利用。目前，该机制的标准化还在完善中。

ATS 调度器建立了分层的排队模型框架，通过映射到不同的出口队列来区分不同发送端口、不同优先级的数据流，并给予不同的传输控制策略。另外，在实际组网过程中，ATS 是采用逐跳整形的方式进行数据转发，具体而言，根据业务端到端时延及端到端转发拓扑，得到数据帧需要在网络中转发的跳数，进而得到每一跳转发在网桥节点的最大驻留时间，通过 ATS 调度器，结合调度器中令牌数量、令牌累积速率等参数，完成数据帧可调度时间的计算，用该时间触发发送队列门状态，从而保证逐跳的传输时延，进而保证端到端时延的有界性。目前，学术界开始逐步关注 ATS 的研究，ATS 的时延边界评估、如何更好地支持多业务传输等都是当前的研究热点。

4.6　帧抢占机制

在前述 TAS 或 CQF 等调度整形机制中，将不同优先级业务映射到不同队列中，使高优先级业务在发送时不会受到低优先级业务的干扰，从而保证工业控制业务等高优先级业务的端到端低时延和确定性传输。然而，高优先级队列的服务时间是有限的，需要周期性的"开"和"关"，从而使其他类型业务也能进行传输。一方面，如果高优先级业务在队列为"关"的状态，则需要在队列中等待，进而增加其等待时延；另一方面，在低优先级队列服务时间截止，而高优先级队列服务时间开启的切换时刻，如果低优先级队列正好有数据帧发出，则为了保持高优先级队列业务数据发送时链路完全处于可用状态，高优先级队列中的数据帧还要等待一定时间后才能发送，即低优先级反转的风险。

帧抢占（FP）是一种为高优先级业务提供时延保障的机制协议，是 TSN 协议族的重要基础协议之一。本节重点阐述支持帧抢占的 MAC 架构和数据格式、帧抢占规则及基于帧抢占功能的数据传输流程。

4.6.1　机制概述

与前述小节中介绍的流量调度整形机制不同，帧抢占机制主要是提升高优先级业务或紧急业务的传输保障能力，高优先级帧可以打断正在发送的低优先级帧。另外，与 CBS、TAS 及 CQF 等同步类调度整形机制不同，帧抢占机制不需要设备间实现时间同步，属于异步类调度整形机制。

帧抢占机制的具体功能由 IEEE 802.1Qbu 和 IEEE 802.3br 共同制定，其中，IEEE 802.1Qbu 主要面向传送设备提供了抢占接口及模块级别的定义，IEEE 802.3br 主要完成帧抢占的切片操作、切片还原及验证等功能。

为了支持帧抢占机制，在 MAC 层定义了两个不同的实体以处理高优先级的快速帧和普通的可抢占帧。其中，快速帧能够打断低优先级可抢占帧的传输，待快速帧传递完毕后，再继续完成剩余可抢占帧切片的传输。由于新增了 MAC 层的数据帧合并功能，所以能够向上层应用屏蔽高优先级数据帧对低优先级数据帧的抢占行为。

在实际使用过程中，帧抢占功能可以与 CBS、TAS 及 CQF 等调度整形机制结合，减少高优先级业务的等待时间，并且能缩短高低优先级传输窗口间的保护带大小，提升端口利用率和传输效率。

4.6.2　支持帧抢占的 MAC 模型

时间敏感网络将帧抢占机制引入 MAC 子层，在数据传输冲突时，通过对低优先级数据帧的拆解、非连续分时发送、数据片段重组的方法，保证了高优先级业务的低时延，同时降低了保护带宽的影响，有效提升了时间敏感网络的带宽利用率。支持帧抢占的 MAC 子层模型如图 4.17 所示。

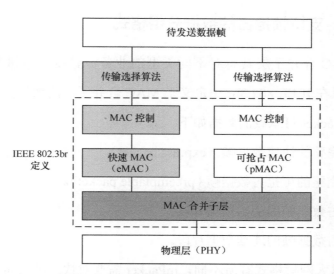

图4.17　支持帧抢占的MAC子层模型

为了实现帧抢占功能，IEEE 802.3br 定义了新的 MAC 功能接口，即快速 MAC（express MAC，eMAC）和可抢占 MAC（preamble MAC，pMAC）。另外，IEEE 802.3br 还定义了新的进行中断、分组和重组功能的 MAC 子层功能，即 MAC 合并子层（MAC Merge Sublayer）。来自上层协议栈的数据帧根据其优先级属性，选择由 eMAC 或 pMAC 来提供服务。

根据 MAC 接口的不同，定义了两种数据帧：由 eMAC 处理的数据帧被称为快速帧（Express Frame），代表高优先级帧；而 pMAC 处理的数据帧被称为可抢占帧（Preemptable Frame），代表低优先级帧或普通帧。

在发送端，MAC 合并子层负责可抢占帧多个分段的封装、校验、计数等功能，可抢占帧以一个或多个数据片段的形式传送，多个可抢占帧数据片段间可能穿插快速帧，被快速帧中断的多个可抢占帧数据片段在接收端的 MAC 合并子层进行重新组装，并向上递交完整的数据帧。帧抢占的操作只在数据链路层（层二）进行，MAC 合并子层有效地屏蔽了向上层和物理底层的相关操作，因此，并不会对其他层的协议造成影响。

4.6.3 支持帧抢占的数据分组格式

由于 MAC 合并子层具有对不同类型的业务流数据分组进行拆分和重组的功能，所以在 IEEE 802.3br 中定义了 MAC 合并子层的数据分组格式，称为 mPacket。mPacket 可承载的数据如下。

① 一个完整的快速数据帧（express packet）。

② 一个完整的可抢占数据帧（preemptable packet）。

③ 可抢占数据帧的初始数据片段。

④ 可抢占数据帧的连续数据片段。

与标准以太网帧格式有所不同，mPacket 需要对快速帧与可抢占帧进行标记，并且需要对可抢占帧不同的数据片段进行标记。因此，IEEE 802.3br 定义了两种类型的 mPacket 格式，分别为第一类 mPacket 格式和第二类 mPacket 格式。支持帧抢占的数据分组格式类型如图 4.18 所示。

图4.18　支持帧抢占的数据分组格式类型

其中，第一类 mPacket 格式主要用于完整的快速数据帧、完整的可抢占数据帧或可抢占数据帧的初始数据片段；而第二类 mPacket 格式主要用于可抢占分组数据帧的其余连续数据片段。另外，mPacket 帧结构主要有 3 个特殊字段。

① 起始分组定界符（Start mPacket Delimiter，SMD）：标识 mPacket 类型和帧排序。不同 mPacket 类型及其 SMD 字段标记见表 4.3。

表 4.3　不同 mPacket 类型及其 SMD 字段标记

mPacket 类型	SMD 标记	分段计数器（Frag_Count）	SMD 字段取值
验证数据帧	SMD–V	—	0X07
响应数据帧	SMD–R	—	0X19
快速数据帧	SMD–E	—	0XD5
可抢占数据帧的初始数据片段	SMD–S0	0	0XE6
	SMD–S1	1	0X4C
	SMD–S2	2	0X7F
	SMD–S3	3	0XB3
可抢占数据帧的连续数据片段	SMD–C0	0	0X61
	SMD–C1	1	0X52
	SMD–C2	2	0X9E
	SMD–C3	3	0X2A

② 数据片段计数器（Frag_Count）：该计数器为模 4 计数器，数值从 0～3 增加，用于针对可抢占分组数据帧除了初始数据片段后的其他连续数据片段的排序，主要用于顺序地接收不同数据片段，正确地恢复原始的可抢占分组数据包。该计数器能够检测 mPacket 是否在链路上成功传输，当出现 mPacket 被丢弃的场景时，数据片段计数值将不连续，因此，该机制能够检测最多 3 个数据片段丢失的情况，在出现 mPacket 传输错误的情况下，会将该可抢占分组数据的所有 mPacket 帧丢弃。

③ 帧校验字段：4 个字节。该字段不仅用于校验数据帧在发送过程是否发生错误，还能在可抢占数据帧发送过程中表明是不是最后一个数据片段。当数据帧为快速数据帧、完整的可抢占数据帧或可抢占数据帧的最后一个数据片段的 mPacket 时，帧校验字段内容即为该 mPacket 第一个字节到最后一个字节进行循环冗余校验算法后得出的值。如果是其他的 mPacket，即非最后一个数据片段的 mPacket 时，则帧校验字段内容为该 mPacket 全域数据进行冗余校验后，再与 0x0000FFFF 进行异或后得到的值。

然而，快速帧对可抢占帧的资源抢占并非任何时候都能进行，需要同时满足以下两个条件，帧抢占功能才能生效。

① 当前传输的可抢占帧数据部分不小于 60 字节。

② 剩下的可抢占帧数据片段组成的帧长度不小于 64 字节（包含循环冗余校验的 4 字节）。

如果上述条件中有一个条件不能被满足，则快速帧不能启动帧抢占功能，低优先级的可抢占帧仍然可以继续传输剩余数据。

需要注意的是，帧抢占功能是在点对点全双工链路中使用，在执行抢占之前需确认两端是否都支持抢占功能，如果有一端不支持，则另一端所有的待发送帧都被视为快速帧，并从快速帧发送模块中发出。

4.6.4　基于帧抢占的数据传输流程

结合前述小节中介绍的支持帧抢占功能的 MAC 合并子层、相应数据帧格式和处理机制，本小节将重点介绍基于帧抢占功能的数据处理流程和机制。

如前所述，帧抢占是 TSN 中一个相对独立的技术功能，可以与多种同步类的调度整形机制协同使用。因此，在基于帧抢占的数据传输流程中，首先进行的就是帧抢占功能的验证，以验证链路和收发节点是否支持帧抢占功能。

（1）帧抢占功能验证流程

如 4.6.3 中对 mPacket 格式所述，帧抢占功能验证中，将会使用两种特殊的 mPacket，即验证数据帧（Verify Packet）和响应数据帧（Response Packet），二者均采用第一类 mPacket 格式，并且数据部分均填充"0"，长度为 60 字节，验证数据帧的 SMD 类型为 SMD-V，响应包的 SMD 类型为 SMD-R。

帧抢占功能验证的流程为：当系统初始发送（或上一次验证失败，重新发起新的验证）时，发送节点会向接收节点发送验证帧，并启动计时器。接收节点在接收到验证帧后，会向发送节点发出响应帧。如果发送节点在规定的时间内接收到响应帧，则对发送节点和接收节点的帧抢占功能验证成功。如果发送节点接收到响应帧的时间超过了规定的时间或计时器超时，发送验证帧的次数未超过所规定的发送次数阈值，则继续向接收节点发送验证帧；如果发送节点未能在规定时间内收到响应帧，则帧抢占验证失败。

（2）基于帧抢占功能的数据发送流程

数据发送处理进程可接收由本地的 eMAC 和 pMAC 发送的数据帧。当快速数据帧进行发送时，eMAC 会向 pMAC 提交发送请求，如果 pMAC 回复响应信号，则 eMAC 开始将快速数据帧按照第一类 mPacket 格式进行封装后发送。

对于可抢占数据帧的发送，其发送流程要比快速数据帧复杂一些。由于快速数据帧到达的过程是无法预知的，所以可抢占数据帧在进行封装时，需要按照初始数据片段的格式进行封装及相应字段的填充（其数据部分可以是完整的可抢占数据帧，也可以是可抢占数据帧的初始数据片段），此时，需要判断可抢占数据帧的业务数据是否已经发送了超过 60 字节且剩余需要传输的数据大于 64 字节（含循环冗余部分）。如果不满足该条件，则 pMAC 将当前帧作为完整的可抢占数据帧进行发送；如果满足该条件，则 pMAC 停止剩余可抢占数据帧的发送，并启动数据片段计数器，将当前可分组数据帧标记为可抢占数据帧的初始数据片段后进行发送，并向 eMAC 发送响应信号。

（3）基于帧抢占功能的数据接收流程

在数据的接收端，由于当前链路中存在多种格式的 mPacket，所以接收端需要首先判断接收到的 mPacket 是不是完整帧，判断方式是读取帧定界符字段，具体包括以下操作。

① 如果帧定界符字段为 SMD-V 和 SMD-R，则表明该数据帧为验证帧和响应帧，是一个完整帧，应交给相应的逻辑模块进行处理。

② 如果帧定界符字段为 SMD-E，则表明该数据为快速数据帧，也是一个完整帧，应交给 eMAC 进行处理并提交给上层协议栈。

③ 如果帧定界符字段为 SMD-S，则需要判断该可抢占 mPacket 帧是完整的数据帧还是数据片段。

对于当帧定界符字段为 SMD-S 的情况，判断 mPacket 是否属于分段的具体方法如下。

● 如果该 mPacket 全域进行循环冗余算法处理后的校验值通过，将该校验值与 0X0000FFF 进行异或后不通过，则表明这是完整的可抢占数据帧，先提交给 pMAC，再提交给上层协议栈。

● 如果该 mPacket 全域进行循环冗余算法处理后的校验值通过，且将该校验值与 0X0000FFF 进行异或后也通过，则表明这不是一个完整的可抢占数据帧，需要 pMAC 顺序接收其余数据片段并重组，再提交给上层协议栈。如果存在数据片段所在的 mPacket 没有顺序接收或丢失，则丢弃该数据帧。

4.6.5 小结

帧抢占机制是由 IEEE 802.1Qbu 和 IEEE 802.3br 共同制定的低时延保障协议，属于 TSN 协议族中的重要关键技术之一。与 TAS、CQF 不同，帧抢占机制并不需要设备之间实现同步，但为了支持其"抢占"功能，即高优先级业务能够打断低优先级业务的传输，IEEE 803.br 增强了 MAC 层功能，提供了 eMAC 和 pMAC 两个独立的功能实体，分别处理高优先级数据帧和可被抢占的低优先级数据帧。另外，为了支持被打断的低优先级业务的传输，提出了 MAC 合并子层，实现数据帧分段和重组，向上层协议屏蔽层二的帧抢占行为。

除了功能架构方面的支持，帧抢占功能的使能还需要具备一定的条件，如果当前传输的可抢占帧数据部分小于 60 字节或剩下的可抢占帧数据片段组成的帧长度小于 64 字节（包含循环冗余校验的 4 字节），则当前可抢占数据帧将不能被打断，即可抢占数据帧能够被打断的最小帧长度为 124 字节（含循环冗余校验 4 字节）。

　　帧抢占功能能够与其他调度整形机制协同使用，以降低优先级业务反转风险，降低高优先级业务的等待时延。

第 5 章

时间敏感网络可靠性保障机制

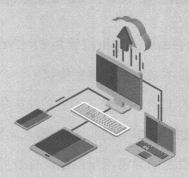

数据在传输过程中的不丢失、不失序、不重复，是衡量通信链路可靠性的重要指标。工业网络不仅要为工业业务提供有界低时延的传输保障，同时要为工业数据传输提供高可靠保障。对于时间敏感网络而言，主要从几个方面保障数据传输的可靠性：首先，在数据流管理方面，通过对每条业务流进行管理、计量和监控，为不同业务流提供不同的 QoS 保障策略，从而提升数据传输的可靠性；其次，在网络资源保障方面，通过路径控制与资源预留，为高优先级业务在网络中的端到端传输提供可靠路径选择与资源保障；最后，在数据传输策略方面，为消除数据在传输过程中的丢失问题，时间敏感网络提供了冗余路径策略，降低端到端丢包率，并提供了帧消除策略，减少链路拥塞，保证链路层数据传输的有序，为上层应用提供可靠的点对点链路保障。

本章将聚焦时间敏感网络的可靠性保障机制，重点从数据流过滤与监管机制、路径控制与资源预留机制、帧复制与删除机制 3 个方面进行介绍。

5.1　数据流过滤与监管机制

IEEE 802.1Qci 提出的每流过滤和监管机制（Per-Stream Filtering and Policing，PSFP）是时间敏感网络技术协议族的重要协议之一，是差异化业务 QoS 保障的重要支撑协议，其为进入 TSN 网桥设备的业务流提供流过滤、流门控和流计量等操作，对特定标识的数据帧加以控制，确保输入流量符合规范，有效防止由于故障或拒绝服务攻击等引起的异常流量问题，有效提升时间敏感网络的稳定性和可靠性。在一定程度上可以说，PSFP 是时间敏感网络各调度整形机制的前提，其在入口处对于业务流的处理为各种调度整形机制基于队列的管理提供了基础。本节将重点介绍 PSFP 的关键流程、具体功能单元工作机制及其主要参数。

5.1.1　机制概述

PSFP 基于规则匹配过滤和监控每个输入设备的流，防止端点或网桥上的软件错误，抵御恶意设备和攻击。PSFP 根据每个数据帧所携带的流识别号和优先级信息来匹配流过滤器，由流过滤器执行逐流过滤和监管操作；流门控用于协调所有的流，确定流的服务等级并有序地处理流。流计量用于执行流的预定义带宽配置文件，规定最大信息速率和突发流量大小等。

PSFP 能够及时识别网络中的异常流量，例如，超出链路承载范围的流量、在错误时间发送的流量或超出规范要求的最大包长度的数据帧等，并根据策略对其控制，从而实现对异常流量的隔离或限制，提升网络的可靠性。流过滤可以分为按照单流量过滤和按照单流量类过滤，单流量过滤是指将业务流 ID 进行逐流过滤，而单流量类过滤则是按照业务种类进行流量过滤，不再针对单一业务流过滤。流量控制策略可以分为阻断或限流，阻断是指阻止该业务流或该类业务流在网络中继续传输（丢弃数据包或控制门控关闭），而限流是指根据预先制定的策略限制该业务流或该类业务流在链路上的数据传输速率。因此，按照过滤及控制策略的不同，可以得到流过滤与监控的 4 种模式，即单流量过滤和阻断、单流量过滤和限流、单流量类过滤和阻断、单流量类过滤和限流。PSFP支持以上 4 种模式，但通常采用的是单流量过滤和阻断的模式，因为这种模式既可隔绝异常流量，不影响网络中其他流量，又能最大限度地保障数据的完整性。PSFP 工作流程示意如图 5.1 所示。

PSFP 的工作流程：在流量进入交换设备时，首先进行流过滤，流过滤器根据其中定义的流标识（Stream ID）、优先级（Priority）信息，识别出流量是否归属于该过滤器。如果由该过滤器控制，则根据对应的门控决定是否允许流量流入；如果允许流入，则由流计量中的参数判断是否超出流量限制；如果超出流量限制，则根据配置决定采用限流还是阻断，经过

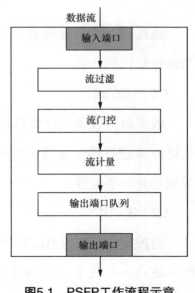

图5.1　PSFP工作流程示意

流计量后，将该流量映射到相应的出口队列中等待发送。

5.1.2 PSFP 整体架构

IEEE 802.1Qci 标准中定义的 PSFP 机制由流过滤、流门控和流计量 3 个部分组成，这 3 个部分配合完成对输入业务流的过滤、策略匹配、内部优先级映射等工作。PSFP 整体架构如图 5.2 所示。

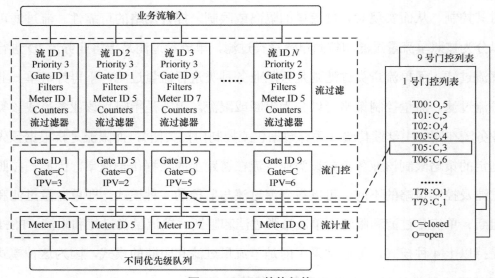

图5.2 PSFP整体架构

流过滤、流门控和流计量的基本功能总结如下，后续章节会对每部分的功能进行详细介绍。

（1）流过滤

根据进入设备上行端口的业务流 ID 和优先级标识匹配相应的过滤规则和策略对流进行逐一处理，处理的方式包括转发至某一下行端口、丢弃、修改数据包某一字段等。

（2）流门控

门控模块有门控 ID、开关状态及中间优先级 3 个参数，当门控状态为"开"时，流进入对应 IPV 值映射的优先级队列中，对过滤后的流进行有序地组织和传输。

（3）流计量

对通过门控后的流进行执行预先配置的带宽分配策略，通过配置约定速率、约定突发字节大小、超过约定速率、超过约定突发字节大小 4 个参数，对每条业务流的最大数据速率和数据分组大小进行限制，然后业务流被转发到队列中继续进行排队传输。

5.1.3　流过滤机制

流过滤的目的是对进入网桥设备输入端口的数据流进行筛选和匹配。流过滤的主要工作流程是根据输入业务流的流 ID 和优先级标识（PCP），匹配相应的过滤规则和策略。为了实现每条流和过滤操作的匹配，实现流过滤的每个流过滤器都应该包含以下关键参数。

（1）流过滤实例标识符

流过滤实例标识符是一个可以唯一标识一个流过滤器实例的整数值，因此被用作表的索引。标识符值的顺序同时也定义了流过滤器列表的顺序，即较小的标识符值出现在有序列表的前面。

（2）流句柄规范

流句柄值可以是以下任意一项。

① 单个流句柄值，例如，IEEE 802.1CB 中所指定的值。

② 与任何流句柄值匹配的通配符值。

（3）优先级规范

优先级值可以是以下任意一项。

① 单个优先级值。

② 与任何优先级值匹配的通配符值。

（4）门标识符

指定了经过流过滤器后，处理该业务流所对应的流门控 ID，门可以处于以下两种状态之一。

① 打开（Open），即该帧可以通过门。

② 关闭（Closed），即该帧无法通过门。

（5）零个或多个流过滤规范

流过滤规范是用来发现和控制流量的一系列规则，流过滤规范中指定的操作可能导致帧能通过或不能通过指定的流过滤，未通过流过滤的帧将被丢弃。流过滤规范还可以包括其他操作。

① 最大 SDU 大小。超过此 SDU 大小的帧不会通过流过滤器；如果满足所有其他流过滤器条件，则不超过此 SDU 大小的帧可以通过流过滤器。

② 流量计量实例标识符。这个标识符用于流量计量功能实例。流量计量实例是流量计量实例表的索引，该表指定了每个流量计实例的操作参数。流量计量在任何其他可能导致帧被丢弃的流过滤规范之后才进行应用。

（6）帧计数器

计数包括如下内容。

① 匹配流句柄和优先级规范的帧数。

② 经过门的帧数。

③ 未通过门的帧数。

④ 通过最大 SDU 大小流过滤器的帧数。

⑤ 未通过最大 SDU 大小流过滤器的帧数。

⑥ 由于流量计量的操作而丢弃的帧数。

（7）帧过大导致流阻塞使能参数

帧过大导致流阻塞使能参数（Stream Blocked Due to Oversize Frame Enable），其值为 TRUE 或 FALSE。该参数的值为 TRUE 时，表示启用了过滤帧大小以启动流阻塞的功能；该参数的值为 FALSE 时，表示禁用了过滤帧大小以启动流阻塞的功能。该参数的默认值为 FALSE。

（8）因帧过大导致的流阻塞参数

因帧过大导致的流阻塞参数（Stream Blocked Due to Oversize Frame），其值

为 TRUE 或 FALSE。如果 Stream Blocked Due to Oversize Frame Enable 和 Stream Blocked Due to Oversize Frame 的值都为 TRUE，则表示要删除所有帧；若两个参数有一个设置为 FALSE，则没有任何的作用。该参数的默认值为 FALSE。

与接收到的帧相关联的流句柄（提供流 ID 信息）和优先级参数（提供优先级信息）将确定该帧由哪个流过滤器进行处理，从而确定对该帧采用什么样的过滤和管控策略操作组合。如果流参数的值可以匹配多个流过滤，则所选择的流过滤器必须是在列表中最早出现的那个流过滤器。

如果接收到的帧未能与流过滤表中的任何流过滤匹配，则会像不支持 PSFP 功能那样处理该帧。然而，如果是想要丢弃与任何其他流过滤都不匹配的帧，而不是在不过滤的情况下处理这些帧，则可以通过在表的末尾放置流过滤器来实现。其中，流句柄和优先级都是通配符（设置为空值），其中的门实例标识符将指向永久关闭的门。

5.1.4　流门控机制

输入接口的数据流在经过流过滤后，将进入由流过滤指定的流门控进行处理，通过门控列表的循环执行，控制数据包及时、有序地向输出端口转发。门控是通过门控实例表中对应的一组参数来实现的，主要参数包括以下内容。

（1）门实例标识符

门实例标识符即流门控 ID，是用于标识每个门实例的一个整数值。

（2）门状态

每个传输队列对应一个门，门有"开（Open）"和"关（Closed）"两个状态，门可以处于这两种状态之一。

① 开：此时该队列中数据帧可以通过门传输。

② 关：此时该队列中的数据帧无法通过门，只能在队列中等待。

（3）内部优先级值（IPV）

IPV 可以是以下任意一项。

① 空值。对于通过门的帧，根据规定的流量等级表使用与帧相关联的优先级值来确定帧的流量等级。

② 内部优先级值。对于门控状态为开时通过门的帧，使用 IPV 代替与帧相关的优先级值。

（4）因无效接收导致门关闭使能参数

因无效接收导致门关闭使能参数（Gate Closed Due to Invalid RxEnable）的值可以为 TRUE 或 FALSE。该值为 TRUE 时，表示已启用该功能；该值为 FALSE 时，表示已禁用该功能。该参数的默认值为 FALSE。

（5）无效接收导致的门关闭参数

无效接收导致的门关闭参数（Gate Closed Due to Invalid Rx）的值可以为 TRUE 或 FALSE。Gate Closed Due to Invalid RxEnable 和 Gate Closed Due to Invalid Rx 的值都为 TRUE 时，表示所有帧都被丢弃（即和所有门都关闭了是一样的效果）；而如果 Gate Closed Due to Invalid Rx 为 FALSE，则起不到任何效果；如果希望门处于关闭状态的时候丢弃数据帧，则 Gate Closed Due to Invalid Rx 将被设置为 TRUE。该参数的默认值为 FALSE。需要注意的是，此参数与相关使能参数（Gate Closed Due to Invalid Rx Enable）的结合使用，可以允许门处于关闭状态时检测传入帧。这样设置的目的是支持应用协调数据帧在网络中的发送和接收，使数据帧在门状态为"开"时被接收，因此，当数据帧在门状态为"关"时被接收，表示这是一个无效接收。

（6）因字节长度超标导致门关闭使能参数

因字节长度超标导致门关闭使能参数（Gate Closed Due to Octets Exceeded Enable）的值可以为 TRUE 或 FALSE。该值为 TRUE 时，表示已启用字节超标导致门关闭的功能；该值为 FALSE 时，表示已禁用该功能。该参数的默认值为 FALSE。

（7）字节长度超标导致的门关闭参数

字节长度超标导致的门关闭参数（Gate Closed Due to Octets Exceeded）的值可

以为 TRUE 或 FALSE。Gate Closed Due to Octets Exceed 和 Gate Closed Due to Octets Exceed Enable 的值都为 TRUE 时，表示所有帧都将被丢弃（即和所有门都关闭了是一样的效果）；如果 Gate Closed Due to Octets Exceeded 为 FALSE，则该功能未生效。Gate Closed Due to Octets Exceeded 的默认值为 FALSE；当 Interval Octets Left（当前时间间隔内还能发送的最大字节数）不足而丢弃数据帧时，则 Gate Closed Due to Octets Exceeded 将被设置为 TRUE。

需要注意的是，PSFP 中的流门控与第 4 章提到的 TAS 机制中针对输出端口的流门控不同，PSPF 中的流门控是针对输入端口数据流进行控制的，能够对进入输入端口队列的数据帧的发送时间等进行控制。另外，流门控中使用的并不是数据帧 VLAN 标签中 PCP 字段给出的外部优先级，而是采用计算后得到的内部优先级（IPV），并通过 IPV 的值来选择不同的数据队列等。

5.1.5　流计量机制

流计量是通过配置不同的参数对每条业务流的最大数据速率和突发数据分组大小进行限制，从而实现通过门控后的业务流执行预先配置的带宽分配策略，使相应的业务流按照网络配置的速率将数据包发送到下一设备节点中进行排队传输。

PSFP 中的流计量一般针对入口流量进行测量和限制，计量接口一般在队列之前，用于对进入队列的流量进行测量和管控。流量计量中进行速率限制的算法，借鉴了城域以太网论坛（Metro Ethernet Forum，MEF）针对以太网业务属性制定的标准规范 MEF 10.3 中定义的带宽配置参数和算法，这种算法本质采用了令牌桶机制，该机制对数据帧引入了"颜色区分"机制，用"绿色""黄色""红色"标记不同的数据帧，颜色并不代表优先级，而是反映数据帧到达流计量表时该业务流的令牌累积情况，从而实行相应的流量管控策略。MEF 10.3 中定义的流计量算法原理如图 5.3 所示。

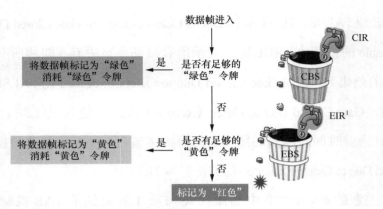

注：1. EIR（Excess Information Rate，超额信息速率）。

图5.3　MEF 10.3中定义的流计量算法原理

在图 5.3 中，CIR 和 EIR 分别代表约定信息速率和超额信息速率，控制"绿色"数据帧和"黄色"数据帧的发送速率，而数据的发送与令牌相关，只有当令牌桶中拥有超过给定速率的令牌时，相应数据帧才能进行发送。在 MEF 10.3 中，对于"颜色标记"的定义如下。

① 绿色：符合网络约束条件的数据帧（Committed Frame）。网络会为其提供相应的带宽、缓存等资源，并为其提供丢帧率、时延、时延抖动等服务指标，使其能够及时、无损传输。

② 黄色：超过网络约束条件的数据帧（Excess Frame）。网络将不为其提供任何服务指标保障。这种类型的数据帧将以"尽力而为"（Best Effort）的方式传输。

③ 红色：不合格数据帧（Non-Conformant Frame）。这些数据帧将会被丢弃或阻塞，不会在网络中传输。

PSFP 中采用的流计量算法在 MEF 10.3 中带宽配置和算法的基础上进行了简化，流计量的运行主要依据流计量实例表中定义的一系列参数及算法，这些参数及算法主要包括以下内容。

① 流量计量实例标识符。标识每个流量计量实例的一个整数值。

② 约定信息速率（CIR），单位为 bit/s。

③ 约定突发大小（Committed Burst Size，CBS），单位为 Byte。

④ 超额信息速率（EIR），单位为 bit/s。

⑤ 超额突发大小（Excess Burst Size，EBS）：超出带宽配置文件流所要求的突发大小，单位为 Byte。

⑥ 耦合标志（Coupling Flag，CF）：取值为 0 或 1，用来表示"绿色"数据帧发送后剩余的令牌能否用于"黄色"数据帧发送。

⑦ 颜色模式（Color Mode，CM）：有两种模式，即"不区分颜色"（Color-blind）和"颜色感知"（Color-aware）。

⑧ Drop On Yellow：取值为 TRUE 或 FALSE。其中，TRUE 值表示黄色帧被丢弃；FALSE 值表示将黄色帧的可丢弃标识（drop_eligible）设置为 TRUE。

⑨ Mark All Frames Red Enable：取值为 TRUE 或 FALSE。该值为 TRUE 时，表示已启用 Mark All Frames Red 功能；该值为 FALSE 时，表示已禁用 Mark All Frames Red 功能。该标识符默认值为 FALSE。

⑩ Mark All Frames Red：如果该字段和 Mark All Frames Red Enable 都为 TRUE，则表示所有帧都被丢弃；如果 Mark All Frames Red 为 False，则该功能不起作用。Mark All Frames Red 的默认值为 FALSE。

5.2　路径控制与预留机制

IEEE 802.1Qci 提出的每流过滤与监管策略，使网桥或终端站点能够根据网络约束条件对流量进行差异性管控，提升数据流在网络中传输的可靠性。然而，在实际网络中，数据传输是端到端的过程，需要经过多个网络节点，因此，在复杂组网环境下，为数据流进行端到端优化路径的选择及资源预留，将对数据传输端到端的确定性产生较大影响。

IEEE 802.1Qca 为数据流提供显式路径控制、带宽和流预留及冗余保护。数据流通过携带用于时间同步和调度的信息，基于中间系统到中间系统（Intermediate System-Intermediate System，IS-IS）路由协议扩展了最短路径桥接

（Shortest Path Bridging，SPB）功能，通过使用路径计算元素（Path Computation Element，PCE），根据网络拓扑计算出端到端的最短路径，提供显式转发路径控制，以控制桥接网络。IEEE 802.1CB 提出的帧复制与删除功能依赖于 IEEE 802.1Qca 在发送方到接收方的网络中的不相交路径上的传送消息。

本节将重点介绍 IEEE 802.1Qca 提出的路径控制与预留机制，包括其显式路径转发机制、资源预留机制和冗余保护机制。

5.2.1　机制概述

一般而言，网络路径选择算法可以分为集中式路径选择算法和分布式路径选择算法两种方式。其中，集中式路径选择算法是基于全局的、完整的网络知识（节点间拓扑及链路开销等）计算出源节点到目的节点的最低开销路径；集中式路径选择算法可由某个集中节点进行计算后配置相应网络节点，也可在多个网络节点中重复进行。链路状态协议（Link State Protocol，LSP）是一种基于全局状态信息的路由算法，因此，它是典型的集中式路径选择算法。分布式路径选择算法是网络节点以迭代、分布式的方式计算出最低开销路径，没有节点拥有关于所有网络链路开销的完整信息，因此，与集中式路径选择算法不同，分布式路径选择算法只需了解相邻节点的链路开销知识即可进行数据转发，然后通过迭代计算及与相邻节点的信息交换，计算出到达目的节点的最低开销路径，距离向量（Distance Vector，DV）就是一种典型的分布式路径选择算法。

在多网桥设备组网的场景中，如果采用分布式路径选择算法，则数据进行逐跳转发，其转发路径和相应的链路资源都无法预先指定或规划，难以满足时间敏感业务的时延要求和可靠性要求，因此，为了解决该问题，IEEE 802.1Qca 提出了路径控制和预留机制，一方面为桥接网络提供多种协议以确定活跃拓扑（Active Topology）结构，包括最短路径协议、内部生成树协议（Internal Spanning Tree，IST）、多生成树协议（Multiple Spanning Tree Algorithm and Protocol，MSTP）、快速生成树协议（Rapid Spanning Tree Algorithm and Protocol，RSTP）等；另一方面，对传统的集中式路由选择协议链路状态协议和中间系统到中间协同路由协议（IS-IS）进行了扩展，允许用于自治域内节点间路由的 IS-IS 协议在桥接网络中进行最短路径选择，即最短路径桥接 ISIS-SPB，为单播或多播的数据帧传输提供端到端的显式路径策略，包括预先指定显式转发路径及冗余保护路径，配置预留带宽等。基于显式路径的转发与逐跳转发不同，其已经完成源节点到目的节点路径的选择和确认，能够消除多桥接网络协议共存情况下路径冲突的问题，有利于实现端到端的确定性传输保障。

路径控制与预留功能的实现需要时间敏感网络数据面和控制面配合完成：在数据面执行拓扑发现和路径计算，并将相关信息上报给网络的集中控制实体；在控制平面，基于全局节点及链路信息，进行显式路径选择、预留带宽的集中决策，并实现对相关节点网元的配置和管理。

5.2.2　生成树协议简介

为了避免出现单点故障问题，网络中会为节点提供冗余链路或备份链路，从而提升网络的可靠性。然而，冗余链路在增加系统可靠性的同时，也会造成网络产生交换环路的问题，导致广播风暴、多帧复制、MAC 地址表抖动等消耗系统带宽的问题。因此，生成树协议就是在网络物理连接的基础上，确定一条端到端的路径，使交换设备冗余端口置于"阻塞状态"，网络中的计算机在通信时，只有一条链路生效，其他路径作为冗余路径进行备份；当原本的链路出现故障时，处于"阻塞状态"的端口会重新打开，从而确保网络连接稳定可靠。

拓扑发现是时间敏感网络路径控制与预留的基础，其目的是在物理连接的基础上，根据多种生成树协议或最短路径协议，建立源节点到目的节点的无路由循环连接子集，即活跃拓扑。

在时间敏感网络中，物理拓扑由多个局域网（Local Area Network，LAN）、网桥和桥接端口组成，每个桥接端口将网桥连接到 LAN，为 MAC 用户（虚拟局域以太网仅提供二层的数据转发服务）数据帧提供双向连接。然而，为防止报文在环路网络中进行无限循环导致交换设备因重复接收相同的报文造成数据处理能力的下降，需要在物理拓扑上进一步确定活跃拓扑，活跃拓扑是物理拓扑的无路由循环子集，需要根据相应协议在物理拓扑基础上计算得到一个或多个活跃拓扑。在计算得到活跃拓扑后，基于 MAC 用户数据帧分类规则，网桥将为每个数据帧分配一个唯一的活跃拓扑；分配的活跃拓扑将为已经进行分类的数据帧提供连接性管理控制；网桥能够选择不同的活跃拓扑来限制用户数据帧通过 LAN 向目的地址转发。

时间敏感网络支持多种生成树协议以确定活跃拓扑，例如，快速生成树协议（RSTP）、多生成树协议（MSTP）和最短路径桥接协议（SPB）。为了使交换设备能够完成生成树的计算，需要网络中相互连接的交换设备进行配置信息的交互，这种配置信息被称为桥协议数据单元（Bridge Protocol Data Unit，BPDU），配置信息中包含了 BPDU 类型、路径开销、根桥 ID、BPDU 生存时间、BPDU 消息老化时间（端口保存 BPDU 的最长时间）、端口发送 BPDU 的周期、拓扑改变交换机发送数据包前维持监听和学习状态的时间等，这些都是生成树计算所需要的有用信息。

RSTP 是在生成树协议（Spanning Tree Protocol，STP）基础上扩展而来的，其基本思想与 STP 基本一致。该协议能够在网络连接失效或网络拓扑发生变化的情况下，缩短交换设备端口进入转发状态的时间，更快地实现网络收敛。STP 定义了根桥（Root Bridge）和指定桥（Designated Bridge），根桥是在网络初始阶段由交换节点交换 BPDU 来进行选举得到的，具有最小桥 ID（Bridge ID）的交换机就是根桥。在每个局域网中，到根桥的路径开销最低的网桥为指定桥，当所有交换机具有相同的根路径开销时，具有最低桥 ID 的交换机被选为指定桥。相应地，STP 定义了根端口（Root Port）和指定端口（Designed Port）。其中，根端口是指非根桥交换机上距离根桥最近的端口,负责与根桥进行通信;指定端口是指向下游交换机转发数据的端口。在此基础上,RSTP 新增了两种端口类型,即替换端口(Alternate Port)和备份端口(Backup Port)。其中,替换端口为根端口的备份,提供从指定桥到根桥的另一条备份路径;备份端口作为指定端口的备份,提供另一条从根桥到非根桥的备份链路。而在端口状态上,RSTP 则将 STP 定义的 5 种状态(转发、学习、监听、阻塞、禁用)简化为 3 种状态(转发、学习、丢弃),其目的是缩短端口转变带来的时延。

MSTP 是 IEEE 802.1s 中定义的生成树协议,在 RSTP 基础上进行改进,集成了 RSTP 快速收敛的优点,提供了数据转发的多个冗余路径,可以在网络中生成多棵无环路的生成树。这一方面解决了以太网环路问题,另一方面能够在 VLAN 间实现负载均衡,不同 VLAN 的流量按照不同的路径进行转发,克服了 RSTP 在局域网内所有 VLAN 共享一棵生成树的缺陷。

SPB 协议在控制层面借助 IS-IS 的扩展,在转发层面存在两种应用模式,即 SPB MAC 模式(SPBM)和 SPB VLAN 模式(SPBV)。其中,在 SPB 网络中,每台设备以桥 ID 作为标识,桥 ID 由优先级 + 桥 MAC 组成,与生成树中的桥 ID 结构是相同的。SPB 利用 IS-IS 进行信息交换和计算,SPB 协议在计算时强调路径的对称性,除了双向流量转发路径要保持一致,还要考虑等价路径选择后的双向对称性。另外,SPB 在最短路径计算方面还存在一些要求:由于 SPB 只支持点到点的连接,所以一个 SPB 网络中所有设备都必须支持 SPB;如果一条链路两端的 IS-IS 的代价(Cost)值不同,那么在路径计算中都将按照最大值进行计算;如果出现代价值相等的等价路径,首先比较每个路径经过设备的跳数,跳数小者优先,如果跳数相等,则将每条路径包含的桥 ID 作为一个集合,每个集合将桥 ID 按照顺序排列,比较不同路径中桥 ID 的大小,小者优先。

上面的算法可以保证计算出来的双向路径保持一致,但为了充分利用网络带宽,对于等价路径的选择引入了等价树(Equal Cost Tree,ECT)算法。

ECT 算法中定义了 16 个掩码值，因此，当前 SPB 协议中定义最大支持 16 条等价路径。当出现等价路径后，通过不同路径的桥 ID 集合会被分配不同的 ECT 掩码，然后将桥 ID 与分配的掩码进行异或计算，再对每条路径计算后的桥 ID 进行大小比较，选择桥 ID 最小的那条路径。

SPB 可以基于不同的 ECT 掩码在每个桥接 VLAN 建立不同的最短路径树（Shortest Path Tree，SPT），然后 SPB 网络中的消息将沿着 SPT 进行转发。SPB 协议作为控制协议在所有设备上进行拓扑计算，转发的时候会对原始报文进行外层封装，以不同的目的标签在 SPB 区域内转发。

5.2.3 PCR 中的显式树构建

路径控制最关键的是要生成显式的路径树。显式路径树是指一种无环路不限定流向的拓扑描述方式，由 PCE 进行控制管理，以 VID 和 MAC 地址作为标识，关联标识任何流向的流量。一个显式路径树可以是严格的或者松散的。一个严格的显式路径树约束所有桥接节点和经过的路径。松散树只指定在树中有特殊作用的桥接节点，桥之间没有指定路径或路径段。对于显式路径树，并不要求一定是最短路径。

时间敏感网络中主要由 PCE 模块基于网络拓扑、相关属性和潜在约束进行转发路径的计算，并给出显式的转发路径描述。PCE 需要通过创建一个显式路径树来保证一对网络节点之间两个方向上的路径对称性。

PCE 是 SPT 桥或终端站中的高层实体。PCE 与主动拓扑控制协议交互，例如，与 ISIS-PCR 交互。与 ISIS-PCR 的协作可以由代表 PCE 的路径控制代理（Path Control Agent，PCA）提供。PCE 或相应的 PCA 是 IS-IS 域的一部分。如果 PCE 不是 IS-IS 域的一部分，则 PCE 必须与驻留在 SPT 网桥或直接连接到 SPT 区域的至少一个网桥的终端站中的 PCA 相关联。PCE 或其 PCA 建立 IS-IS 邻接，以便接收该区域中桥传送的所有链路状态协议数据单元（Link State PDU，LSP）。PCE 可以单独或通过其 PCA，注入传送显式树的 LSP 来控制该区域中显式树的建立，从而指示 ISIS-PCR 建立由 PCE 确定的显式树。单个 PCE 或多个 PCE 确定一个区域的显式树，即使在一个区域中有多个 PCE，每个显式树也只由一个 PCE 确定，这个 PCE 被称为树的所有者。

　　显式树要么是严格显式树，要么是松散显式树。其中，严格显式树指定它所包含的所有桥和路径。松散显式树仅指定在树中具有特殊角色的网桥，例如，边缘网桥，或网桥之间没有指定路径或路径段。松散显式树中节点之间的路径由 SPT 桥的网桥本地计算单元（Bridge Local Computation Engine，BLCE）计算得到。

　　在 SPT 区域内，显式树通过 ISIS-PCR 建立并传播。PCE 或其 PCA 完成拓扑 sub-TLV（描述拓扑连接结构的类型 Type、长度 Length 和取值 Value）的构建，然后指示 ISIS-PCR 建立树。如果 PCE 驻留在 SPT 网桥中，则 PCE 实体将拓扑 sub-TLV 传递给 ISIS-PCR 实体，然后 ISIS-PCR 实体将在整个 SPT 域中对包含拓扑 sub-TLV 的 LSP 进行泛洪广播。如果 PCE 驻留在终端站中，则 PCE 或其 PCA 将拓扑 sub-TLV 添加到 LSP 中，并且将 LSP 在整个 SPT 域中进行泛洪广播。

　　显式树的所有者 PCE 可以通过发送不包括拓扑 sub-TLV 的更新 LSP 消息来取消显式树。如果拓扑 sub-TLV 从 LSP 中删除（或已更改），使（先前的）拓扑 sub-TLV 在链路状态数据库中不再存在（或更改），表明此条原有的拓扑 sub-TLV 被隐式撤回，ISIS-PCR 将删除或更新显式树。

　　IEEE 802.1Qca 定义了 5 种显式路径树控制模式，每种模式通过不同的 ECT 算法进行区分，5 种显式路径树控制模式分别是：严格树 ST（ST ECT 算法）、松散树 LT（LT ECT 算法）、松散树集 LTS（LTS ECT 算法）、最大冗余树 MRT（MRT ECT 算法）及基于广义近似有向无环图的最大冗余树 MRTG（MRTG ECT 算法）。

　　每一类 ECT 算法对应着相应显式树的计算和生成，其计算原理与 5.2.2 节中阐述的 ECT 工作机制类似，采用的 ECT 的掩码值不同。

　　严格树 ECT 算法用于严格显式树的所有者 PCE 来进行相应显式树的更新，

严格的 ET 是静态的，因此，除了树所有者 PCE，没有其他实体可以更新它。在拓扑变化的情况下，所有者 PCE 检测拓扑变化并更新严格树。

松散树 ECT 算法仅用于单个松散显式树的计算。基于一组松散树中边缘桥节点的连接性，通过松散树集 ECT 算法，可以得到以当前松散树中每个边缘节点作为根节点的显式树。而最大冗余树 ECT 或者 MRTG ECT 算法仅用于最大冗余显式树需要进行维护的场景。

5.2.4 资源预留机制

ISIS-PCR 在 SPT 区域中用于分布式资源预留的多流属性注册协议（Multiple Stream Registration Protocol，MSRP）不可用时，可用来对显式数据转发的带宽分配结果进行记录。如果 MSRP（具体协议将在第 6 章阐述）能够在 SPT 区域中使用，则不使用 ISIS-PCR。

IEEE 802.1Qca 中定义了带宽分配 sub-TLV，用于记录显式树中每跳为特定业务所分配的带宽数量，带宽 sub-TLV 结构示意如图 5.4 所示。

	字节顺序编号
类型（Type）	1
长度（Length）	2
PCP	3
DEI	3
重要性（Importance）	3
保留字段（Reserved）	3
带宽（Bandwidth）	4～7

图5.4 带宽 sub－TLV结构示意

带宽分配 sub-TLV 的定义如下。

① 类型字段为 1Byte，该类型 sub-TLV 的类型值为 24。

② 长度字段为 1Byte，该类型 sub-TLV 的长度值为 5。

③ PCP 字段为 3bit，表明等待分配资源的业务流的优先级。

④ DEI 字段为 1bit，DEI 字段为空，则表明分配的带宽是以允许的信息速率方式提供；DEI 字段有设置，则表明分配的带宽以峰值信息速率的方式提供。

⑤ 重要性字段为 3bit，表明进行优先次序决定时的重要性因子，其值越小，表明重要性越高，其缺省值为 7。

⑥ 保留字段为 1bit，保留以在未来使用，传输时赋值为 "0"，接收端将忽略该值。

⑦ 带宽字段为 4Byte，表示该 PCP 对应的业务流所分配的带宽总量，该值为 32 位的 IEEE 浮点数，单位为 Byte/s。

当采用 ISIS-PCR 进行资源分配结果记录时，PCE 需要共同维持带宽分配结果的一致性，如果在一个 SPT 区域中存在多个 PCE，那么需要采用一些规则决定带宽分配的优先次序，其中会用到时间戳 sub-TLV，该类型 sub-TLV 包含在网络拓扑 sub-TLV 中，主要用来进行带宽分配时的优先级排序。

对于带宽分配优先级排序，其规则如下。

① 比较带宽分配 sub-TLV 中的 PCP 参数，比较优先级，优先级高者优先分配。

② 比较带宽分配 sub-TLV 中的重要性参数，重要性参数越高者优先分配。

③ 比较时间戳 sub-TLV 中的时间，时间越早者优先分配。

如果通过上述规则仍不能确定带宽分配，则决定权将会交给具有最小 LSP ID 的 PCE，由其决定带宽分配的优先次序。

5.2.5　冗余保护机制

为了提升链路传输的可靠性，IEEE 802.1 Qca 为不同业务流在网络中的传输提供不同的冗余链路保护机制。

（1）单播数据流提供无环备份方式

这是 ISIS-SPB 为在 SPBM VLAN 和 SPBV VLAN 中传输的单播数据流提

供的一种简单的冗余保护机制。沿着指向目的 MAC 地址的路径，如果能够确保到达目的节点的每一跳的距离是递减的，则与该目的 MAC 地址相关的路径都能够互为无环备份链路。

（2）静态冗余树

对于严格显式树而言，其显式树仅能由该树的所有者 PCE 来更新。因此，为了对严格显式树的更新路径进行冗余保护，需要提供多个独立的静态冗余树，并将其作为输入值提供给该严格显式树的所有者 PCE，由 PCE 计算后得到对应的拓扑 sub-TLV，从而能够在当前显式路径失效时，由 PCE 选择另一条独立的静态严格树作为冗余路径。

（3）最大冗余树

SPT 网桥可支持 MRT。SPT 桥的 BLCE 也参与了 MRT 的计算。例如，如果 MRT 是源根节点，则 MRT 可用于点对多点保护；如果 MRT 是目的地根，则 MRT 可用于多点对点保护。MRT 可用于保护以 MRT 根节点为根的 SPT，例如，数据帧在 2 个 MRT 上发送以提供"1+1"类型的保护方案。就像 SPT 或生成树实例一样，MRT 提供了一个无向的活动拓扑，相应地，MRT 可用于双向或单向业务，这由树上承载的数据业务的 T/R 参数确定。MRT ECT 算法用于建立和维护一个分布式场景中的 MRT。MRT Lowpoint 算法为 MRT 根生成 2 个显式路径，即 MRT Blue 和 MRT Red，如果 MRT 以主用和备用方式使用，则 MRT Blue 为主用，MRT Red 为备用。

5.3 帧复制与删除机制

IEEE 802.1Qca 提供了路径控制与预留的方法，能够为数据传输提供冗余路径保护；对于可靠通信而言，还需要保证数据传输的不失序和不重复，因此，IEEE 802.1CB 提出了高可靠帧复制与删除（Frame Replication and Elimination for Reliability，FRER）机制，在网络中多条链路发送重复的数据信息，降低链路拥塞和故障引发的影响，降低丢包率，提升通信的可靠性，同时保证帧复制和删除对上层应用的不可见，保证数据帧向上层递交时不出现失序或重复的问题，提升业务整体的可靠性。因此，作为时间敏感网络端到端数据传输中提升可靠性的关键机制，本节将重点介绍帧复制与删除机制的关键功能与应用模型。

5.3.1　机制概述

传统 TCP/IP 网络中，当网络节点出现故障时，需要数据进行重传以恢复业务流连接，这种场景对于具有严格时延要求的业务是不可接受的。为了解决时间敏感类业务在网络中的可靠传输问题，FRER 允许终端节点或网络中的交换节点对业务流中的数据包进行排序及编号，并复制相应业务流的数据包，将原有的一条业务流分为多条内容相同的子流并在不同的路径上进行传输，在目的终端节点或其他交换节点进行多条子流的合并，删除重复的数据包，并将重组恢复后的业务流发送给上层应用或下一节点，达成在网络发生局部故障时仍可进行数据传输，从而为业务流传输提供更高的可靠性（即降低包的丢失率）。

FRER 以主动冗余的方式为业务流提供了高可靠传输，代价是消耗额外的网络资源，降低系统吞吐量；另外，由于流量识别、数据复制和删除等处理，增加了路由管理成本，同时也提升了数据处理成本。为了提升网络传输效率，降低网络拥塞，FRER 功能通常只用于时间敏感类业务，其他业务正常传输。

要想实现数据流沿不同路径的传输，需要由多个节点配合实现，各节点需具备不同的 FRER 功能，以共同实现数据的冗余传输。基于 FRER 的端到端数据传输流程：首先，识别需要传输的业务流，并将该业务流的数据帧编号后进行复制，产生冗余帧；其次，在网络中选择两条不相交的路径同时传输；

最后，在 2 个帧都到达目的节点后，通过对比数据帧编号以删除重复数据帧。帧复制与删除原理示意如图 5.5 所示。在不同路径上进行传输的冗余帧被称为一条成员流（Member Stream），而多条成员流经过删除后生成的流被称为复合流（Compound Stream）。数据帧接收及删除合并的操作不仅可以在目的节点完成，也可以在中间交换节点完成，因此，由成员流组成的复合流本身也可以作为另一条更大的复合流的成员流。

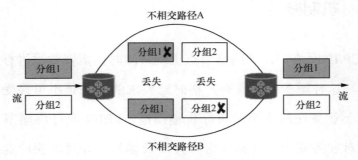

图5.5　帧复制与删除原理示意

FRER 提供内生的检错功能。当复制一个流时，如果一个成员流沿着一条路径传输的过程中出现了问题，那么接收方不会立即发现链路失效或中断，因为另一条路径会继续进行数据传输。然而，考虑到 FRER 可以达到更高的可靠性，当出现复制帧被丢弃的节点时 FRER 可提供多种检查冗余数据帧传输失败的方法。

FRER 功能配置较为灵活，能够在终端系统协议栈、交换节点协议栈进行配置，并且支持交换节点作为不支持 FRER 终端节点的代理，为与该网桥节点相连的终端节点提供帧复制与删除的功能。这种方式也为 FRER 提供了较好的前向兼容性，支持 FRER 功能的终端节点而交换网络设备不支持 FRER 的场景，或终端节点不支持 FRER 而交换网络设备支持 FRER 的场景，均能获取 FRER 提供的高可靠传输增益。

在流量模型方面，FRER 支持多播流量或者单播流量在点对多点或者点对点路径上的传输。在流配置方面，FRER 具有易操作的特点，不需要在每个交换节点为每条流进行配置，基于 FRER 提供的流识别和排序等功能，交换节点能够很好地识别需要进行 FRER 的业务流和不需要进行 FRER 的普通业务流。

5.3.2 支持帧复制、删除的功能组件

为了在收发端分别完成帧复制、帧删除等功能，FRER 提供了 5 个功能组件。帧复制和删除功能组件示意如图5.6所示，图5.6中至下而上依次为流识别、序号编解码、独立恢复、流拆分、流编号。

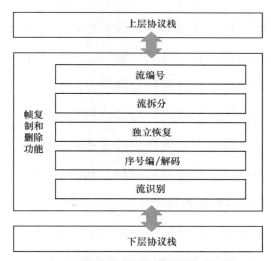

图5.6 帧复制和删除功能组件示意

（1）流识别

并非所有业务流都需要执行 FRER 功能，因此，时间敏感网络需要在多业务场景下识别需要执行 FRER 的业务流。

流识别通过"SAP"为上层协议提供服务如图 5.7 所示。从流识别中的业务模型可以看到，流识别通过 SAP 与上层和下层协议栈进行通信。每个流识别单元均有一个独立的 SAP 与下层协议栈通信，同时提供一组与上层协议栈通信的 SAP。

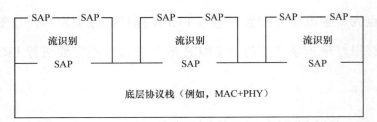

图5.7 流识别通过"SAP"为上层协议提供服务

IEEE 802.1CB 定义的流识别分为主动流识别（Active Stream Identification，ASI）和被动流识别（Passive Stream Identification，PSI）两种方式。当收到来自上层的数据包时，主动流识别会修改数据参数以实现对面向下层的 SAP 的选择，并将封装后的数据包发送给下层协议栈；在接收端，主动流识别能够从下层协议栈接收数据包，并对其进行解封，根据从数据包中得到的流标识选择相应的 SAP，将解封后的数据包发送给上层协议栈。而被动流识别将不会对来自上层协议栈的数据包做任何修改，当接收到来自底层协议栈的数据包时，会对其进行检查以识别该数据包的业务流属性，以决定通过哪个 SAP 将其发送给上层协议栈。主动与被动两种方式的流识别能够区分不同的业务流，并且为其提供不同的数据处理操作。

流识别定义了 4 种模式，即 3 种被动流识别和 1 种主动流识别，这 4 种模式对每种模式中的名称和对数据包所做的操作等进行了定义。流识别的不同模式见表 5.1。

表 5.1　流识别的不同模式

流识别模式	被动 / 主动	检查字段和内容	是否修改字段
缺省流识别模式（Null Stream Identification）	被动模式	目的 MAC 地址 VLAN ID	否
源 MAC 和 VLAN 流识别	被动模式	源 MAC 地址 VLAN ID	否
主动目的 MAC 和 VLAN 流识别	主动模式	目的 MAC 地址 VLAN ID	目的 MAC 地址 VLAN ID 优先级

续表

流识别模式	被动 / 主动	检查字段和内容	是否修改字段
IP 流识别	被动模式	目的 MAC 地址 VLAN ID IP 目的地址 DSCP 源端口 目的端口	否

在 IEEE 802.1CB 中，流识别从流及数据帧层面定义了两个与 FRER 相关的重要子参数，具体描述如下。

① Stream_handle：用于区分数据包所属业务流的标记值。节点根据数据帧的目的地址、VLAN ID、Priority 等信息，判断数据帧是否需经过 FRER 功能组件处理，如果需要进行处理，则给其分配一个 Stream_handle 子参数，该 Stream_handle 子参数决定了数据帧会经过哪些 FRER 组件的处理，所有具备 FRER 功能的节点必须具备流识别功能。

② Sequence_number：用于表示一个复合流中所传输数据包序号的无符号整数值。Sequence_number 子参数与数据帧的复制及删除相关。在数据发送端，对数据包按序进行编号，并将 Sequence_number 编码至数据帧中；在数据接收端，根据 Sequence_number 子参数判定数据帧是不是之前接收包的复制品，如果是，则删除。

对于采用 FRER 的业务流，必须通过流识别或序号编解码将两个子参数的值清晰地在数据包中进行定义。

在上述两个子参数的作用下，流识别主要完成两个方面的数据包处理和操作，具体如下。

① 当接收到来自下层协议栈的数据帧时，流识别将检查数据帧以确定其 Stream_handle 的值，从而判断数据帧归属的业务流，并进行下述操作。

● 如果数据帧属于当前"流识别"所认知的业务流（即采用 FRER 功能的业务流），则"流识别"将从数据帧中提取 Stream_handle 及 Sequence_number

等值，连同数据帧一起发给上层协议栈。通过特定的方法，"流识别"能够对数据帧的某些字段进行修改。

● 如果数据帧不属于当前"流识别"所认知的业务流（即不采用 FRER 功能的业务流），则数据帧将不做任何处理发送给下层协议栈，Stream_handle 和 Sequence_number 的值处于缺省状态。

② 当接收到来自上层协议栈的数据帧时，流识别根据数据帧的 Stream_handle 子参数值来确定如何对数据帧进行处理。

● 如果数据帧属于当前"流识别"所认知的业务流（即采用 FRER 功能的业务流），"流识别"会对数据帧的目的地址或相应标签进行修改，并将数据帧发送给下层协议栈。

● 如果数据帧不属于当前"流识别"所认知的业务流（即不采用 FRER 功能的业务流），则数据帧将不做任何处理发送给底层协议栈。

（2）序号编解码

序号编解码主要是将 Sequence_number 子参数的值插入数据包或从数据包中提取并修改该参数值，主要包括以下内容。

① 通过修改数据包参数的方式将 Sequence_number 子参数值插入数据包，以使对端的编号功能能够将该子参数提取出来，通常通过冗余标签（R-TAG）将 Sequence_number 子参数编码到数据包中。R-TAG 格式及其封装如图 5.8 所示，其中协议类型字段为 0XF1C1，表示该数据帧为特殊的复制数据帧。由此可知，R-TAG 是在 TSN 数据帧结构中插入的。

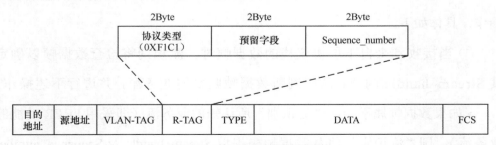

图5.8　R–TAG格式及其封装

② 提取从下层协议栈接收到的数据包中的 Sequence_number 子参数值。基于流识别，流编号组件能够将 Sequence_number 子参数从数据包中解封并移除。

需要注意的是，序号编解码功能在 FRER 功能组件中不是必要的，如果协议栈中使用的流识别已经能够对相应子参数的值进行插入或提取，FRER 可不需要序号编解码组件。

（3）独立恢复

独立恢复是一个辅助功能，其目的是实现 FRER 高稳定性的目标，用于探测某个成员流发生的传输错误或故障。

独立恢复通过检查其所接收到的属于成员流的数据包序号，如果该序号重复，则将该数据包丢弃（其 Sequence_number 子参数表明这个包与先前接收到的数据包重复）。与编号功能组件中序号恢复功能不同，独立恢复应用于复合流中的一条成员流，而序号恢复面向复合流层面，应用于复合流中的所有成员流。

通过独立恢复，能够在复合流传输中尽早发现发生错误的成员流，避免在进行流合并时造成错误的扩散，"污染"了复合流的生成。

（4）流拆分

流拆分允许将复制的数据包在不同的路径上传输，实现相同数据帧在不同路径上的分离传输，好像把原有的一条流"拆分"成多条数据流。对于经过协议栈的数据包，流拆分并不对数据包的各个部分进行改动，只对包进行复制和发送，其主要流程如下。

① 流拆分功能组件从上层接收数据包，该数据包有 Stream_handle 子参数的值，即该数据包已经进行了相应的编号。

② 基于接收到的数据包，流拆分功能复制多个数据包，并且为每个复制的数据包分配一个 Stream_handle 子参数，每个复制包赋予的 Stream_handle 子参数都不能与原数据包的 Stream_handle 子参数值相同；经过此操作，从逻

辑上将原来的一条业务流，分成两条或多条内容相同的成员流。

③将原始数据包和多个复制包发送给下层协议栈进行转发。

（5）流编号

流编号主要包含 3 个子功能，即流序号生成子功能、序号恢复子功能和潜在错误检测子功能。

① 流序号生成子功能是对来自上层协议的数据包进行的操作，用一系列连续的值为来自上层协议业务流的数据包 Sequence_number 子参数赋值，并将其发送到下层协议栈。对于一个端口，在每一个方向（进入或输出），针对一个 Stream_handle 子参数值，最多只能配置一个流序号生成子功能，其目的是避免在接收节点进行成员流合并时出现混淆和错误。

② 序号恢复子功能是对来自下层协议栈的数据包（可能属于多条业务流）进行操作，检查接收到数据包的序号。如果接收到数据包的 Sequence_number 子参数重复，则表明节点此前已经接收到有相同序号的数据包，接收到的数据包为复制包，会将其丢弃。简而言之，序号恢复子功能可总结为：使用 Sequence_number 子参数来标识哪些包需要传递到上层协议栈，哪些包需要丢弃。

③ 监视计数器变量以检测传递给它的流的潜在错误。

5.3.3 帧复制、删除功能的应用示例

在实际使用过程中，FRER 功能并非要求时间敏感网络中的所有节点都支持，也并非所有功能组件均要在节点中实现，而是需要结合不同的应用目的进行功能组件的选择和组合。本节将通过应用模型阐述 FRER 在多种组网架构下的功能组件选择、节点协议栈功能，从而更加具体地阐述 FRER 功能组件在提升网络可靠性方面的应用。

（1）终端节点支持 FRER 功能

在终端收发节点都支持 FRER 功能的情况下，网络桥接节点是否支持

FRER 功能已不再重要，利用 IEEE 802.1AX 提供的链路聚合（Link Aggregation）功能，与终端收发节点各自的 FRER 功能组件结合，能够为单一的复合流在网络中提供多路径的冗余传输。

利用 FRER 实现单一复合流的示例如图 5.9 所示。图 5.9 中给出了一个简单网络中利用 FRER 来实现单一复合流的场景。为了方便理解，图 5.9 中对需要在收发节点配置的重要 FRER 功能进行标记。其中，"Split"表示将采用 FRER 的"流拆分"功能对发送的数据包进行处理；"Seq."表示将采用 FRER"流编号"功能中的"流序号生成子功能"对发送的数据包进行处理；"Rec."表示将采用 FRER"流编号"功能中的"流序号恢复子功能"对接收到的数据包进行处理。由此可知，"Split"和"Seq."是在发送的终端节点进行配置，用以进行数据帧复制和对各自流的数据包进行编号；而"Rec."是在接收的终端节点进行配置，用以对接收到的数据帧进行判断，从而生成原始的复合流以交给上层协议进行处理。

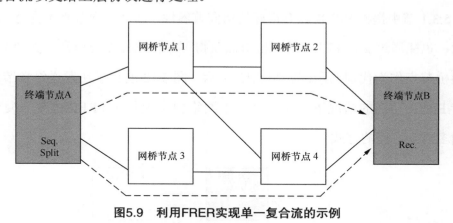

图5.9　利用FRER实现单一复合流的示例

在图 5.9 中，发送终端节点 A 对每个数据帧都要进行复制，且通过流识别配置 2 个"Stream_handle"子参数值，从而使原始数据帧和复制后的数据帧能够分配 2 个 VLAN ID，并且在不同的物理端口进行传输，经由不同的物理路径到达目标终端节点 B，由节点 B 根据 IEEE 802.1AX 提供的链路聚合功能恢复成原始数据流。发送终端节点 A 协议栈如图 5.10 所示，接收端节点 B 协议栈如图 5.11 所示。由此可知，每个数据端口均有独立的协议栈，并且流识别是支持 FRER 节点必备的功能组件。

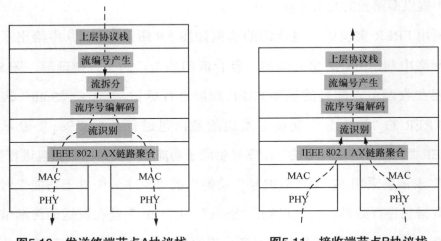

图5.10　发送终端节点A协议栈　　　　图5.11　接收端节点B协议栈

（2）网桥作为终端节点的 FRER 代理

5.3.1 节中提到 FRER 具有很好的前向兼容性，即使终端节点不支持 FRER 功能，也能通过支持 FRER 的网桥节点获得可靠传输性能的提升。支持 FRER 的网桥节点作为代理的示例如图 5.12 所示。图 5.12 展示了在发送终端节点不支持 FRER 功能的情况下，在一个简单网络中实现基于 FRER 的单一复合流传输多节点协同的方式。

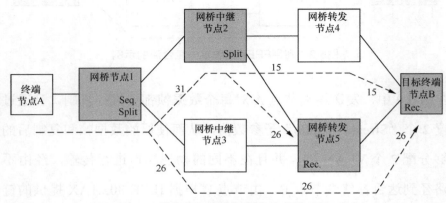

图5.12　支持FRER的网桥节点作为代理的示例

在图 5.12 中，发送终端节点 A 不具备 FRER 功能，网桥节点 1 支持 FRER 功能，从而能够将节点 A 发送过来的流变为复合流，进行流编号及流拆分后，形成两条成员流，即成员流 26（Stream_handle 子参数值）和成员流 31（Stream_handle 子参数值），分别发送给两个不同的网桥中继节点 2 和节点 3；在网桥中继节点 2 处，该节点又采用流拆分功能，进一步将成员流 31 拆分成两条流，即成员流 26（Stream_handle 子参数值）和成员流 15（Stream_handle 子参数值），分别发送给网桥转发节点 4 和节点 5。由于网桥中继节点 1 已经对原始的数据流进行了编号，所以在节点 2 中，只需进行复制和赋予相应的 Stream_handle 子参数的值即可；由于网桥转发节点 5 接收到了两条具有相同 Stram_handle 子参数值的成员流，所以需要进行流序号恢复功能，从而输出唯一的一条成员流 26 到目标终端节点 B，目标终端节点 B 利用流序号恢复功能，将对比接收到的两条成员流（成员流 15 和成员流 26）的数据帧编号、删除重复的数据帧，从而合并成为原始的复合流。

由图 5.12 可以得到以下结论。

① 网桥节点 1 支持 FRER 功能，能够作为不支持 FRER 功能的终端节点的 FRER 代理（FRER proxy），将流进行拆分后在不同物理路径进行传输。

② 在传输过程中，成员流也可进一步拆分成为复合流，从而消除成员流在单一链路上传输可能出现的错误或单点故障。

③ 在多网桥组网的结构中，并不要求所有的网桥节点都支持 FRER 功能。不支持 FRER 的网桥节点只需按照既定规则转发所接收到的数据帧即可。

在本示例中，支持 FRER 功能的网桥节点协议栈中所采用的 FRER 功能组件及其在协议栈中的位置也不尽相同。

作为 FRER 代理的网桥节点 1 协议栈示意如图 5.13 所示。来自终端节点 A 的数据包从协议栈左边进入，在经过物理层（PHY）和媒体接入控制层（MAC）的处理后，交给流识别模块进行处理，通过基于 IP 地址的流识别，如果该流不需要进行 FRER 处理，则通过"非流转换功能"（Non-

Stream Transfer Function，NSTF）将数据包转发给相应的发送端口进行处理；如果该流需要进行 FRER 处理，则通过"流转换功能"（Stream Transfer Function，STF）将所有 TSN 相关参数（包括 Stream_handle 子参数值）等发送给流编号功能，将一组连续的整数值赋予数据帧中的 Sequence_number 子参数，从 0 ～ 65535 循环（Sequence_number 域字段长度为 16bit）；通过"序号编解码功能"将分配的 Sequence_number 子参数值封装到数据帧中，并通过"流识别"中的主动识别机制，修改两个数据分组（原始帧及复制帧）的目的 MAC 地址和 VLAN ID，以使数据包被网桥识别并转发。网桥节点 1 通过"转发功能"将两个不同的数据分在不同的端口上进行发送。

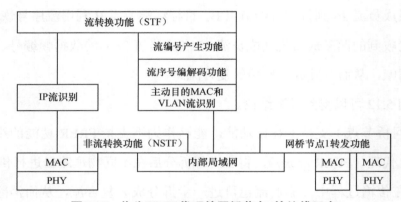

图5.13 作为FRER代理的网桥节点1协议栈示意

网桥中继节点 2 协议栈示意如图 5.14 所示。来自网桥节点 1 的流 31 从左边协议栈进入，通过"被动流识别功能"对需要进行 FRER 处理的数据流进行识别；流转换功能（STF）将包括 Stream_handle 子参数在内的所有 TSN 参数传递给"主动流识别功能"，通过该功能将两个内容相同但属于不同成员流（成员流 15 和成员流 26）的数据帧转发到不同的发送端口进行传输。网桥中继节点 2 并不需要对流进行重新编号或对编号进行恢复以形成新的成员流，因此，并不需要任何"流编号"功能。

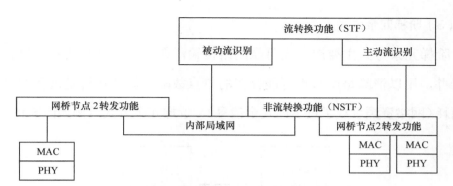

图5.14　网桥中继节点2协议栈示意

网桥转发节点 5 协议栈示意如图 5.15 所示。由于节点 5 需要对接收到的两个成员流进行合并，需要丢弃重复的数据帧以形成单一的复合流，所以相较于网桥中继节点 2，其协议栈结构中的 FRER 功能组件相对更丰富一些。由于网桥节点 F 的两个入口收到的都是成员流 26 的数据帧，所以"流识别"也会将相同的 Stream_handle 子参数（即值 26）赋给输出端口数据流，从而将两条流合并成一条流。在处理流程上，"流识别"组件对数据流进行识别，对需经过 FRER 功能组件处理的数据帧传送到高层进行处理；"流序号解码"组件去除数据帧中编码的 Sequence_number 子参数等内容，以使数据帧能在"流序号恢复功能"被识别，并在"流序号恢复功能"层将重复的数据帧丢弃，从而能被 STF 层识别。STF 将所有参数转发给"流序号编解码"和"流识别"，重新将 Sequence_number 和 Stream_handle 子参数封装进数据包，并将重新封装后仍属于成员流 26 的数据帧转发到相应出口进行传输。

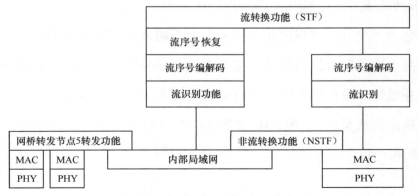

图5.15　网桥转发节点5协议栈示意

（3）阶梯冗余方式

阶梯冗余方式主要用于高可靠网络传输，在每个节点都要将流进行拆分和合并，用以消除每个节点可能存在的单点故障，但其代价是过多网络资源的消耗（网络资源承载了过多的冗余信息）。阶梯冗余方式示例如图5.16所示。

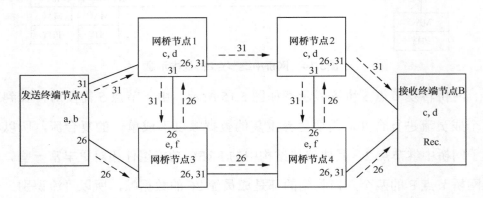

a：为成员流31添加成员流序号   d：删除成员流31的复制帧
b：将成员流31分为成员流31和成员流26   e：将成员流26和成员流31合并为成员流26
c：将成员流31和成员流26合并为成员流31   f：删除成员流26的复制帧

图5.16 阶梯冗余方式示例

在图5.16中，发送终端节点A与接收终端节点B中间有4个网桥转发节点，上面是网桥节点1和网桥节点2，下面是网桥节点3和网桥节点4。其中，网桥节点1和节点2、节点3和节点4分别作为从发送终端节点A到接收终端节点B"梯子"的两条"扶手"；节点1和节点3与节点2和节点4之间的连接则作为A到B"梯子"的"横档"。数据在发送终端节点A处进行复制和拆分，形成两条成员流分别沿着"扶手"的方向由左至右传输，在"横档"方向，数据则会上下交互，实现两条"扶手"上不同成员流数据帧的融合。网桥节点连接到"扶手"上的出口节点需要通过流序号恢复子功能以消除重复的数据包，并通过"流识别"将两条成员流合并为单一的复合流（该复合流也是原始数据流的成员流）。图5.16中各网桥节点的协议栈与图5.15中网桥节点协议栈结构一致。

第 6 章

CHAPTER 6

时间敏感网络
管理与配置机制

由此前章节的介绍可知，TSN 功能是由一系列标准协议定义的，若要在虚拟桥接局域网设备上实现 IEEE 802.1AS、IEEE 802.1Qbv、IEEE 802.1Qbu、IEEE 802.1Qcr 等多个协议，需要对网络中的多个终端及网桥设备节点进行配置，才能完成端到端数据的确定性传输。因此，若要对每一条流、每一台设备、每一个端口都进行协议栈功能配置、资源管理配置，其工作量是巨大的，而且难以保障配置的可靠性，这将阻碍时间敏感网络走向规模化应用部署。因此，时间敏感网络制定了多个针对网络资源管理、终端及节点功能配置的协议规范，以方便用户或运营者能够主动地发现网桥节点和终端节点的能力，并根据节点的状态动态地进行配置和监控。

在网络技术研究中，一般会在网络中引入控制面和数据面的概念，数据面是对业务端到端转发和传输规则的逻辑功能描述；而控制面是对维护数据面高效、可靠转发而进行的资源管理、状态监控、网络配置和管理等规则逻辑功能描述。本章的内容更多从控制平面角度出发，重点对时间敏感网络资源管理及网络配置方面的关键机制、数据模型进行阐述。6.1 节将介绍 IEEE 802.1Qat 提出的流预留协议（Stream Reservation Protocol，SRP），对分布式网络架构下节点间属性信息的互通和资源预留等机制进行分析；6.2 节将介绍 IEEE 802.1Qcc，该协议是对 SRP 的增强，提供了更多的网络管理和控制的模式、架构，支持分布式、集中式和完全集中式的网络管理和配置，并对用户 / 网络配置的信息进行了介绍；YANG 模型为网络的自配置、自管理提供了一种标准化的数据模型描述语言，并与相应的网络配置协议配合完成终端节点和网桥节点的 TSN 功能自动配置，因此，6.3 主要介绍 IEEE 802.1 Qcp 提出的 YANG 模型，对 YANG 模型的基本原理及其在时间敏感网络配置管理中的基本应用进行阐述。

6.1　流预留协议

6.1.1　协议概述

传统标准以太网的特性限制了其无法将普通业务流量与时间敏感的流媒体流量进行优先级划分。为了提供有保障的服务质量，SRP 确保了音视频流设备间端到端的带宽可用性。如果所需的路径带宽可用，那么整个路径上的所有设备（包括交换机和终端设备）将会对此资源进行锁定。

流预留协议利用 IEEE 802.1ak 多属性注册协议（Multiple Registration Protocol，MRP）来传递消息，以交换音视频业务流的带宽描述消息，并对带宽资源进行预留。符合 SRP 标准的交换机能够将整个网络可用带宽资源的 75% 用于 AVB 链路，剩下 25% 的带宽资源留给传统的以太网流量。

在 SRP 中，流服务的提供者叫作 Talker，流服务的接收者叫作 Listener。同一个 Talker 提供的流服务可同时被多个 Listener 接收，只要从 Talker 到多个 Listener 中的任意一条路径上的带宽资源能够协商并锁定，Talker 就可以开始进行实时音视频业务流的发送。SRP 内部状态机周期性地维护着 Talker 及 Listener 的注册信息，动态地对网络节点状态进行监测，并更新其内部注册信息数据库，以适应网络拓扑的变化。

每个网桥节点中都有一个 SRP 流表，表中含有在该网桥进行注册的业务流参数，业务流标识（Stream ID）在网桥节点中注册和注销是动态的，因此允许为跨越网桥局域网的流量进行资源预留，并在数据库中产生动态预定的数据流条目，对关联业务流的帧转发进行控制，实现业务流在相关网桥中的注册、注销、信息维护等端到端资源预留。

SRP 协议层级示意如图 6.1 所示，SRP 在分布式组网情况下对资源预留进行管理和应用，需要底层协议的支撑：MRP 是底层协议，支持同一个交换网络中设备之间的特定属性的声明、注册、传播和撤销；SRP 的实现需要 3 个管理协议的支持，即在 MRP 基础上构建的 3 个信令协议，分别为多流属性注册协议（Multiple Stream Registration Protocol，MSRP）、多 VLAN 属性注册协议（Multiple VLAN Registration Protocol，MVRP）、多 MAC 属性注册协议（Multiple MAC Registration Protocol，MMRP）。SRP 通过使用 MMRP 来控制发送者（Talker）注册信息在整个桥接网络中的传播，使用 MVRP 来声明与数据流相关的 VLAN 管理，从而使数据帧能够沿着从源节点到目的节点的路径进行传播；MSRP 是 IEEE 802.1Qat 在 MRP 基础上提出来的新的信令协议，可为业务流的资源预留进行信令支持，该协议能够为发送数据的终端站点提供预留网络资源的能力，这些预留的网络资源将为请求的数据帧提供端到端的服务质量保障。

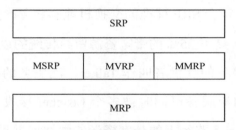

图6.1　SRP协议层级示意

6.1.2　多属性注册协议及其应用协议

（1）多属性注册协议

　　MRP 是在 IEEE 802.1ak 中提出的，提供了在同一个交换网络中各设备之间动态传播注册某种属性信息的方法，MRP 的提出是为了克服通用属性注册协议（Generic Attribute Registration Protocol，GARP）报文发送时只支持单个属性的传播注册的缺点，MRP 支持多属性同时注册及向外传播，这些属性可以是组播 MAC 地址、VLAN 标识或端口过滤模式等特征信息，MVRP、MMRP、MSRP 是 MRP 的应用协议。在以太网交换机中，MRP 的作用就是通过这些应用协议体现出来的。MRP 层次架构如图 6.2 所示。

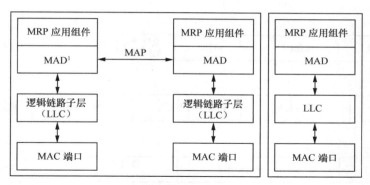

注：1. MAD（MRP Attribute Declaration，MRP 属性声明）。

图6.2　MRP层次架构

在终端上的 MRP 是由 MRP 参与者实现的，MRP 包括 MRP 应用组件和 MAD 组件。在网桥设备的两个端口之间用于传递属性信息的通道被定义为 MRP 属性传播（MRP Attribute Propagation，MAP）通道。

MRP 应用组件是指 MVRP、MMRP 等应用协议，用于属性的解析及注册。MAD 组件实现了 MRP 通用的注册协议，定义了消息注册、注销等相关的多种状态机，状态机用于 MRP 消息的接收和发送。

MRP 数据单元（MRP Data Unit，MRPDU）的结构如图 6.3 所示。该数据结构类型在 IEEE 802.1ak 中定义，MRPDU 中包含了协议类型信息（Protocol Version）和若干消息（Message）字段，并包含了数据单元结束标识符（EndMark）。对于消息字段，进一步细化了消息格式，包括属性类型（Attribute Type）、属性长度（Attribute Length）、属性列表（Attribute List）。属性类型字段是由 MRP 的应用协议定义的，例如 MMRP、MVRP、MSRP；每个属性列表信息中定义了一个或者多个属性事件（Vector Attribute）字段，并包含了 EndMark。而每个属性事件字段又进一步进行了细化，定义了属性事件头部（Vector Header）、首值信息（First value）、属性事件类型（Vector）等信息，属性事件头部（Vector Header）中，定义了具体属性事件及其个数信息，首值信息由 MRP 应用中的 Attribute Tpye 来具体规定。

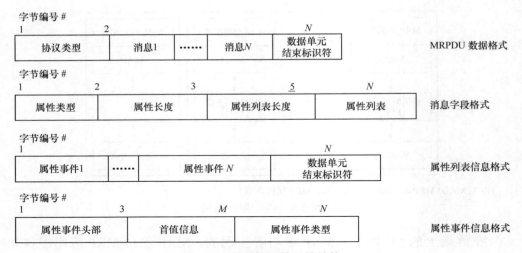

图6.3　MRP数据单元的结构

MRP 定义了数据流的具体属性及承载这些属性的报文字段格式，通过填写 MRP 报文的相关字段，实现同一个网桥设备多个端口之间的属性传播和不同网桥之间的属性传播，而这种属性传播是通过属性传播组件 MAP 完成的。需要注意的是，具体 MAP 功能的定义与相应的 MRP 的应用协议相关，MAP 的功能会随着上层 MRP 应用协议的不同而有所不同。

（2）多 MAC 属性注册协议

多 MAC 属性注册协议（MMRP）允许终端站和网桥之间基于 MAC 地址信息进行动态注册或注销，并支持注册或注销信息在所有扩展的网桥上传播。MMRP 架构如图 6.4 所示，MMRP 的实现主要由两部分构成：MMRP 应用和 MAD 组件。桥上的两个端口之间存在 MAP，并将其用于同一个桥的端口之间的属性传输。

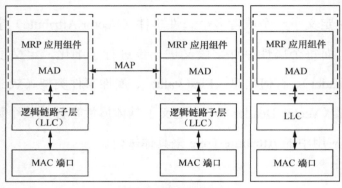

图6.4　MMRP架构

MMRP 定义了组成员信息，MMRP 的参与者存在一个或者多个成员，并携带与之相关联的组 MAC 地址。组成员信息的注册使网桥意识到数据帧的目的地址为该组有关的 MAC 地址，只能转发给已注册的群组成员，因此，发送与该组关联的数据帧只会在接收 MMRP 成员注册的端口上发生。

（3）多 VLAN 属性注册协议

为了实现 VLAN 的动态注册和注销，实现网络内的 VLAN 自动管理，IEEE 802.1Q 制定了 GARP VLAN 注册协议（GARP VLAN Registeration Protocol，GVRP），来支持动态传播 VLAN 特性，实现 VLAN 动态的注册和注销。然而，GVRP 不能支持多 VLAN 的注册，在网桥中存在多个 VLAN 时，网络不能够及时地传递 VLAN 更新信息，造成网络通信效率较低。为解决该问题，IEEE 工作组在 MRP 基础上提出了多 VLAN 属性注册协议（MVRP），该协议是 MRP 的一种应用协议。

MVRP 是一种二层消息传递协议，通过报文设计来有效地提升 VLAN 注册、注销的性能。

支持 MVRP 的以太网交换设备可以接收其他交换机传播的 VLAN 信息，并动态更新本地的 VLAN 注册信息（主要包括当前交换机注册的 VLAN 信息及每个接口加入的 VLAN 信息）。另外，本地注册的 VLAN 信息可以动态地向其他以太网交换机进行传播，从而可以使以太网中所有支持 MVRP 的交换机在 VLAN 配置上达成一致，实现互通。MVRP 有以下 3 种注册模式，不同注册模式对动态 VLAN 的处理方式有所不同。

① 普通模式。该模式允许 MVRP 实体进行动态 VLAN 的注册或注销。

② 固定模式。该模式禁止 MVRP 实体进行动态 VLAN 的注销，收到的 MVRP 报文会被丢弃。也就是说，在该模式下，MVRP 实体已经注册的动态 VLAN 是不会被注销的，同时也不会注册新的动态 VLAN。

③ 禁用模式。该模式禁止 MVRP 实体进行动态 VLAN 的注册，收到的 MVRP 报文会被丢弃。同时，当端口的 MVRP 注册模式配置为"禁用模式"时，

该端口上除 VLAN1 以外所有已注册的动态 VLAN 将被删除。

MVRP 传递的 VLAN 配置信息既包括本地手工配置的静态信息，也包括来自其他设备的动态信息，但是 MVRP 中的"Leave"信息不可以删除本地人工配置的静态 VLAN。

通过 MVRP 可以实现网桥设备动态 VLAN 信息的注册和注销。若收到 VLAN 注册信息且该 VLAN 在当前网桥设备中不存在，则该网桥会创建该动态 VLAN；若网桥接收 VLAN 注销信息后，没有端口成员加入该 VLAN，则网桥设备会注销该动态 VLAN，从而实现网桥设备对 VLAN 的动态配置。

6.1.3　多流属性注册协议

多流属性注册协议（MSRP）是 MRP 的一种应用协议，也是 IEEE 802.1Qat 为支持资源预留功能而制定的一种信令协议。该协议记录数据流特征并在网桥设备中传播，为业务流在网桥设备中适当地保留资源，即终端在发送数据流之前使用 MSRP 提前预约需要的网络资源。

与 MMRP、MVRP 动态进行 MAC 地址或 VLAN 的注册、注销及管理一样，MSRP 也会将流预留属性在网络中进行传播，在不同网桥设备中进行流预留属性信息的注册。然而，与 MMRP 和 MSRP 不同的是，MSRP 在参与的网桥节点间进行传播时，注册属性信息会被合并、丢弃或者修改。另外，为了提升资源预留过程中对于业务流的 QoS 保障能力，MSRP 支持对业务流"优先级"的定义，这种根据业务流属性进行优先级划分的方式，能够使网桥节点在无须与终端节点交互的情况下，将重要等级业务流的资源预留属性信息替换成其他不重要的业务流资源预留属性信息，即将网络资源优先预留给重要业务流。

MSRP 定义了 4 种属性类型，其中 3 种属性与流预留相关，主要涉及发送节点（Talker）和接收节点（Listener）。其中"Talker Advertise"属性和"Talker Failed"属性与发送节点相关；"Listener"属性与接收节点相关，并进一步分为 3 种子类型，即"Ready""Ready Failed"及"Asking Failed"。第 4 种属性是域，主要用来发现 SRP 域。如果支持特定 SR 类的所有网桥节点使用相同的优先级，则它们位于相同的 SRP 域中。当相邻设备对 SR 类使用不同优先级时，SR 类存在 SRP 域边界。域属性包含了网桥节点为确定 SRP 域边界所需要的信息。

MSRP 定义了发送节点的声明行为，用于声明业务流发送及业务流的特征信息，或声明业务流停止发送、从网桥及接收节点中注销。发送节点声明信息通过 MSRP 在网络中进行传播，从而使接收节点和网桥设备知道发送节点及拟发送流的存在。此外，发送节点声明信息还用于汇总从发送节点到接收节点的 QoS 信息（主要是路径中所经过节点的资源匹配信息），根据汇总的 QoS 信息，可以将发送节点属性声明信息分为以下两种类型。

① Talker Advertise。该属性信息包括指定业务流的所有特征信息，以确保网桥节点能获知其资源需求及业务流优先级。若端到端路径中所有网桥均具有足够的带宽或资源，接收节点也能够为该业务流创建满足具有 QoS 保障的资源预留，并且资源持续可用，则"Talker Advertise"的声明就能在网络中持续有效。

② Talker Failed。该属性信息包括"Talker Advertise"属性信息中的所有字段，并增加了带宽或资源预留失败的附加信息。若端到端路径中存在带宽或资源受限的情况，即网络资源不满足业务 QoS 要求，则该发送节点针对该业务流的推送被认为是不可用的，不能发送业务流。

MSRP 定义了接收节点的声明行为，这些声明用于传递端到端路径上的资源分配或预留结果给发送节点，以便发送节点知悉接收节点的状态及是否具备在网络中发送业务流的条件。根据资源预留结果，接收节点的声明属性分为 3 种子类型。

① Listener Ready：用于业务流有 1 个或多个接收节点的场景。所有接收业务流的终端节点与发送节点的路径中所有网桥节点均有充足的带宽或资源。

② Listener Ready Failed：用于业务流有 2 个或更多接收节点的场景。至少 1 个接收业务流的终端节点与发送节点的路径中有充足的带宽或资源，但有 1 个或多个接收节点因资源受限问题（从接收节点到发送节点的路径中资源受限）而无法接收该业务流。

③ Listener Asking Failed：用于业务流有 1 个或多个接收节点的场景。所有接收业务流的终端节点与发送节点的路径中均存在资源受限问题，导致所有接收节点均无法接收业务流。

值得注意的是，当接收节点反馈 "Ready" 或 "Ready Failed" 消息给发送节点时，发送节点会开始进行业务流传输。若一个接收节点已经准备接收业务流，但收到发送节点推送的 "Talker Failed" 消息，则接收节点也会针对该业务流发送 "Asking Failed" 消息。此外，对于接收节点和发送节点声明信息的交互顺序并没有要求，接收节点可在接收发送节点的声明信息之前发出其声明信息，但在这种情况下，接收节点可能会发出 "Listener Asking Failed" 声明，导致发送节点无法进行业务发送。

基于 MRP 定义的注册及注销规则，支持 MSRP 的网桥节点能够将接收节点和发送节点的声明在网桥的相应端口进行注册或注销，并且能够自动为过期的声明进行注销。此外，MSRP 定义了发送节点属性传播和接收节点属性传播规则，发送节点或接收节点声明的产生、撤销引起的注册信息的变化，都将由 MSRP 属性传播功能处理，并传播到全网。一般来说，发送节点声明能够在所有的网桥节点中进行传播，而接收点声明只能在与发送节点声明相关的网桥端口中传播。若相关联的发送节点声明并未在任何网桥节点端口进行注册，则接收节点声明将不在网络中进行传播。

6.1.4　端到端资源预留过程

当有业务流要发送时，发送终端节点会发送一个 "Talker Advertise" 属性声明，向网络中的网桥节点告知拟发送数据流的特征。与该发送终端节点相邻的网桥端口注册此声明，更新"Talker Advertise"声明中包含的一些信息，并将其转发到网桥上的非阻塞端口；经过路径上所有网桥节点并填入网桥中相应资源信息的"Talker Advertise"声明将被该业务流的接收节点所接受。

　　接收终端节点对收到的"Talker Advertise"声明进行注册。如果接收终端节点对收到的数据流感兴趣，并且路径上的网桥节点有足够的带宽资源，则接收终端节点会向发送节点发送一个"Listener Ready"声明，路径中网桥节点的 MSRP 映射函数将使用 Stream ID 将"Listener Ready"声明与"Talker Advertise"声明关联，以便进行相应业务流的数据帧转发。根据 MSRP 定义的传播规则，该"Listener Ready"声明仅在注册了"Talker Advertise"的端口上传播。此时，路径中的网桥节点将保留业务流传输所需的带宽，并更改其动态预留表。

　　如果从发送节点到接收节点的路径上的某一个网桥节点没有足够的带宽或可用资源，其 MSRP 映射功能将在转发之前将"Talker Advertise"声明更改为"Talker Failed"声明。当收到"Talker Failed"声明后，接收节点就会发出"Listener Asking Failed"声明，此时，接收节点和发送节点都已知道资源预留失败了。

　　对于"Listener Ready Failed"声明，该声明用于有 2 个或更多接收节点的场景中，若在发送节点和接收节点路径上的某一个网桥节点，从一个端口收到了一个接收节点（或多个接收节点）发送的"Listener Ready"声明，且从另一个端口收到了由另一个接收节点（或多个接收节点）发送的"Listener Asking Failed"声明，则该网桥的 MSRP 映射函数会将这两个声明合并成一个反映接收端状态的"Listener Ready Failed"声明，并转发给发送节点。当发送节点收到"Listener Ready Failed"声明时，它将知道有一个或多个接收节点希望接收该业务流，但由于路径上出现带宽或资源受限问题，并非所有的接收端都能接收该业务流。在这种情形下，发送端仍然会开始业务流的发送。

下面，将结合实际案例进一步对上述端到端资源预留过程进行说明，更加直观地说明资源预留属性声明是如何传播的，网桥如何进行属性合并并实现业务流的带宽预留。

发送节点"Talker Advertise"属性声明与传播过程示意如图6.5所示，终端 A 是业务流的发送节点，终端 B 和终端 C 是业务流的接收节点，发送节点和终端节点间的属性传播流程如下。

① 终端 A 的 MRP 应用组件进行"Talker Advertise"属性的注册，并通过 MAD 组件向外进行属性声明。

② 网桥 X 收到来自终端 A 的属性声明的通知时，在接收属性的端口进行该属性的注册，然后通过 MAP 传播组件实现桥上其他端口的属性声明。

③ 网桥 Y 接受该属性的声明，同网桥 X 执行相同的属性传播操作，实现在网桥 Y 上的属性注册和声明。

④ 终端 B 和终端 C 接收来自网桥 Y 的两个端口的属性声明，在终端侧进行"Talker Advertise"声明的注册。

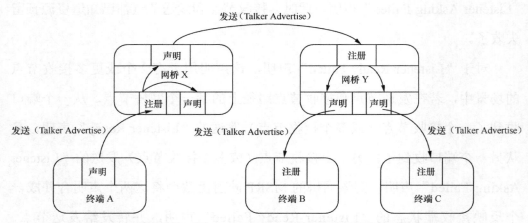

图6.5 发送节点"Talker Advertise"属性声明与传播过程示意

"Talker Advertise"属性声明在网桥转发中失败示例如图 6.6 所示，结合网桥 X 和网桥 Y 的带宽、可用资源情况来说明"Talker Advertise"属性声明在传播过程中的变换。网桥 X 中的每个端口都可以满足"Talker Advertise"属性协议报文中的带宽需求，但网桥 Y 中的左侧端口不能满足"Talker Advertise"属性协议报文中的业务流带宽需求，这时网桥 Y 会将"Talker Advertise"属性声明修改为"Talker Failed"并添加错误代码，同时将修改后的属性声明信息发送给终端 B。网桥 Y 中的右侧端口满足"Talker Advertise"属性协议报文中的业务流带宽需求，网桥 Y 会将"Talker Advertise"属性声明转发给终端 C。

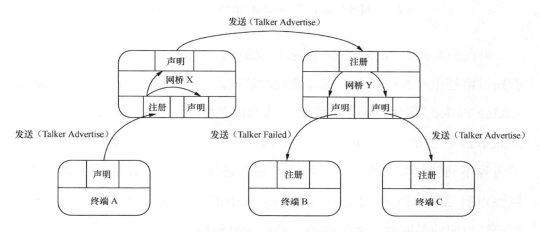

图6.6　"Talker Advertise"属性声明在网桥转发中失败示例

在图 6.5 所示的场景中，接收节点将接收"Talker Advertise"声明并进行注册。如果该接收节点希望接收该业务流，它将向发送节点发送一个"Listener Ready"属性声明，并仅在注册了发送节点声明属性的端口上转发"Listener Ready"声明。接收节点的"Listener Ready"成功转发示意如图 6.7 所示，网桥 Y 的端口收到了来自终端 B 和终端 C 的"Listener Ready"属性声明，根据属性合并规则，网桥 Y 将两条属性声明合并为一条"Listener Ready"属性声明，并更新端口的预留带宽，网桥 X 端口从网桥 Y 接收合并的"Listener Ready"属性声名并进行注册，同时只对相关联的发送节点属性声明注册端口进行发送，最后由终端 A 接收"Listener Ready"属性声明，开始业务流的端到端发送。

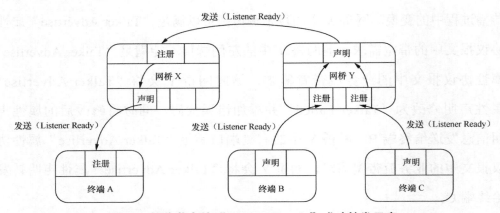

图6.7 接收节点的"Listener Ready"成功转发示意

但在图 6.6 所示的场景中，终端 B 收到"Talker Failed"属性声明信息后，会知道路径中存在网桥节点资源受限的情况，因此，终端 B 发出"Listener Asking Failed"属性声明。但终端 C 收到的是"Talker Advertise"属性声明，因此节点 C 发出"Listener Ready"属性声明，网桥 Y 通过不同端口收到了两种不同的接收节点属性声明，其将两条属性进行合并，并将接收节点属性声明信息修改为"Listener Ready Failed"，转发给网桥 X，网桥 X 对该属性声明的关联端口进行注册，并转发给终端 A。

"Listener Ready Failed"属性声明示意如图 6.8 所示，当终端 A 收到"Listener Ready Failed"时，知道网络中至少有一个接收节点能够接收该数据流，终端 A 会按照申请发送相应业务流。

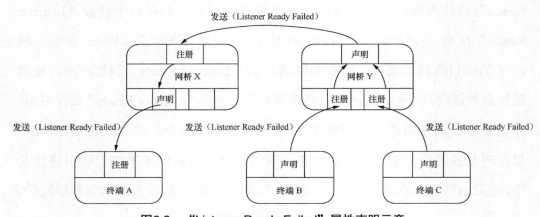

图6.8 "Listener Ready Failed"属性声明示意

6.2　时间敏感网络配置框架与模型

　　网络的自动化配置与管理是衡量网络可用性的关键指标。时间敏感网络是在标准以太网的基础上进行功能的增强，在针对业务流、终端节点、网桥节点及相关端口上需进行大量的功能定义和参数配置，从而实现逐流的管理、差异化的管控，确保业务传输的确定性。因此，IEEE 802.1Qcc 在 IEEE 802.1Qat 提出的流预留协议的基础上，对 SRP 进行了修改和增强，并制定了用于业务管理、网络管理的配置模型，定义了相关用户网络接口信息，用以管理网络中各节点的状态，并为各流、各设备的自动化配置提供了网络框架。

　　本节将重点阐述 IEEE 802.1Qcc 提出的多种配置模型，对各配置模型的关键功能及机制流程进行介绍，并对全集中式配置架构中用户 / 网络配置信息的模式及类型进行介绍。

6.2.1　协议概述

　　IEEE 802.1Qat 所采用的流预留是一种在分布式网络中针对音视频业务高效传输而进行的资源配置和保障的网络管理和配置机制。网络中的发送节点通过传播注册和资源预留信息来保障网络具备充足的资源，并利用这些资源将数据发送给接收节点，在终端节点之间的网桥必须维护一个发送方对一个或多个接收方注册的相同数据流的路径带宽等资源的需求。当网络拓扑或网络中的节点状态发生变化时，例如，当有新的网桥节点在网络中注册或在网络中声明退出时，发送方需要在网络中进行相应的管理或注册信息的发送，这将会造成网络的拥塞，进而导致网络时延和负荷的增加，降低网络的传输效率。在更为严格的工业应用中，需要更高效、易用的配置方式，以获得终端节点、网桥节点的资源及每个节点的带宽、数据负载、目标地址、时钟等信息，并汇集到中央节点进行统一进程调度，以获得最优的传输效率。

因此，IEEE 802.1Qcc 在 SRP 的基础上提出了新的网络配置模型和工具，支持集中式的注册与流预留服务，即 SRP 增强模式。在这种模式下，系统通过减小预留消息的大小与频率（放宽计时器），在链路状态和预留变更时触发更新指令。SRP 增强模式使网络管理趋于集中化，使系统基于全局信息集中管控的方式提高网络管理和配置的效率。

IEEE 802.1Qcc 对于多属性注册协议、流预留协议做出了修改和补充，并提出了 3 种 TSN 下的用户网络配置模型（管理和控制 TSN 的配置模型），即完全分布式配置模型、集中式网络 / 分布式用户配置模型和完全集中式配置模型。完全分布式配置模型直接通过 TSN 协议通信获取用户需求并实现业务需求在网络中的传播；集中式网络 / 分布式用户配置模型支持集中式网络配置实体（CNC），模型将流量计算交给 CNC 完成，CNC 会全面了解网桥功能及计算帧抢占数据等；完全集中式配置模型中引入了集中式用户配置实体（CUC），支持 CUC 和 CNC，模型通过 CUC 获取用户需求，再转发给 CNC 进行网络集中配置。

为了提升配置的灵活性，在 IEEE 802.1Qcc 中，CNC 采用了 YANG 模型及网络配置（Network Configuration，NETCONF）协议，实现了业务需求与网络资源间的交互，以提供运行资源的预留、调度及其他类型的远程管理。6.4 节会对 YANG 模型和 NETCONF 协议进行介绍。

需要注意的是，从技术上讲，TSN 用户 / 网络配置与传统网络中的网络管理有一定的区别，因为配置和管理信息是在用户 / 业务和网络设备之间交换的，而不是在网络管理员和网桥之间交换的，也不是由网络管理人员通过指令与网络设备进行交互。

6.2.2　完全分布式配置模型

在该模型下，TSN 以完全分布式的方式配置，没有集中的网络配置实体。分布式网络配置使用 SRP 来执行，该协议沿着流的工作路径传播 TSN 用户 /

网络配置信息。随着业务需求在每个网桥中传播，网桥的资源管理在本地有效执行，这种本地管理仅限于网桥了解的信息，不一定包括整个网络的全局信息。

　　遵循上述完全分布式模型，随着用户需求通过网络设备进行传播，从发送节点（Talker）到接收节点（Listener）无须使用任何集中式配置实体，每个网桥都会在自己本地验证其是否具有充足的、可以满足拟传输业务流需求的资源，并相应地配置必要的服务质量（Quality of Service，QoS）策略。依靠由 IEEE 802.1Qcc 扩展 SRP，时间敏感网络能够为多达 7 个可配置的业务类设置宽带预留。

　　完全分布式配置模型如图 6.9 所示。实线箭头表示用户网络配置信息，基于相应的用户 / 网络接口（User-Network Interface，UNI）协议，实现配置信息在发送节点 / 接收节点（用户）和网桥（网络）之间的传播。虚线箭头表示在网络中传播配置信息的协议（例如，SRP），此协议携带 TSN 用户 / 网络配置信息及特定的网络配置的附加信息，实现用户配置信息在网桥节点中的传播。

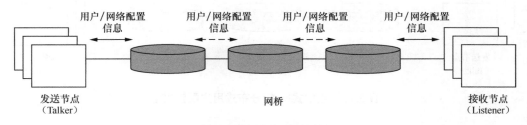

图6.9　完全分布式配置模型

IEEE 802.1Qat 提出的网络配置方式就属于完全分布式配置模型。基于该模型的网桥能够实现的 TSN 功能仅是基于信用的整形机制算法及其配置。

6.2.3　集中式网络 / 分布式用户配置模型

　　在工业应用中，为了提供确定时延的业务传输，更多采用 IEEE 802.1Qbv 提出的 TAS 机制，其通过门控列表的设置保证业务传输的确定性。然而，在多交换设备组网的情况下，时间敏感业务流在多节点中的门控列表设置和计算将会变得很复杂，分别对每个节点的门控列表进行计算可能会花费大量时间和计算资源。对此，不应在所有网桥中进行分布式计算，而是将计算集中在单个实体中，从而提升计算的效率及端到端路径成功规划的概率，这样可节约大量的计算和通信成本。因此，IEEE 802.1Qcc 提出了集中式网络 / 分布式用户配置模型，该模型中增加了 CNC，CNC 负责收集网桥设备的状态信息，并根据信息计算路径节点和各节点的门控，根据结果完成对相应网桥节点设备的配置。

集中式网络 / 分布式用户配置模型如图 6.10 所示。实线箭头表示用户和网络之间交换配置信息的 UNI 协议，虚线箭头表示网络中的边缘网桥节点和CNC 之间传输业务需求信息的协议，点状线箭头表示的是用于配置网络中各网桥设备节点的远程网络管理协议。

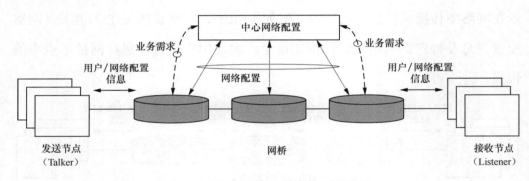

图6.10　集中式网络/分布式用户配置模型

在该模型中，CNC 的作用是采集网络中网桥节点的状态、功能等信息，并进行全局优化决策，完成对网桥节点的功能配置，从而保障业务的端到端传输。在物理实现上，CNC 可以作为独立的功能单元，也可存在于网络中的终端或网桥设备上。

CNC 掌握网络拓扑和每个网桥的状态、功能信息，从而可为集中式的路径规划、门控编排等复杂技术提供决策信息和算力支撑。CNC 知道与终端节点连接的边缘网桥地址信息，并将这些边缘网桥作为代理方来传递收发节点的业务要求、资源需求和状态等信息，而不是将信息传播到网络内部，因此有效降低了信令开销。CNC 需要根据业务需求对网桥的 TSN 功能进行配置，此时，CNC 为管理客户端，每个网桥为管理服务器。CNC 使用远程管理来发现物理拓扑，检索网桥功能，并在每个网桥中配置相应的 TSN 特性。需要注意的是，CNC 并不对发送方和接收方进行配置。

完全分布式配置模型和集中式网格 / 分布式用户配置模型的终端都能直接通过 TSN 用户网络接口来通信，获取发送节点 / 接收节点的需求，整个过程中终端不参与网络管理。但不同的是，集中式网络 / 分布式用户配置模型会将配置信息定向发送给 CNC 实体，CNC 实体会全面了解网桥功能并完成门控列表、调度和路径规划的计算，使用远程网络管理协议完成 TSN 功能特性在所有网桥的配置，在提升网络配置效率的同时，降低了系统整体的信令开销。

基于集中式网络 / 分布式用户配置模型，可以完成以下 TSN 功能的配置。

① CBS 算法及其配置。

② 帧抢占。

③ 流量调度。

④ 帧复制和消除。

⑤ 流量过滤和监控。

⑥ 循环排队和转发。

6.2.4　完全集中式配置模型

许多 TSN 功能需要在终端节点处进行配置，从而使终端侧的数据流能够按照预定的时间、规律等进行发送，这些数据流输出的计时需求在计算上非常复杂，且涉及每个终端中应用软件 / 硬件的具体情况，若在前述两种模型下，则端节点需要进行大量的用户配置。因此，为了简化用户配置过程，将用户配置集中到网络中某个节点上统一进行。完全集中式配置模型增加了 CUC 功能网元，用于用户及业务需求的集中式配置，提升用户业务配置效率。

完全集中式配置模型如图 6.11 所示。实线箭头表示用于在 CUC 和 CNC 之间交换配置信息的 UNI 协议，虚线箭头表示用于 CNC 与网桥节点间配置的远程网络管理协议，点状线箭头表示用户终端与 CUC 之间的业务需求交互和业务信息配置。CNC 与 CUC 可作为软件功能模块融合部署于专用服务器上，也可以采用嵌入式系统部署于网络中的终端或网桥设备节点上。

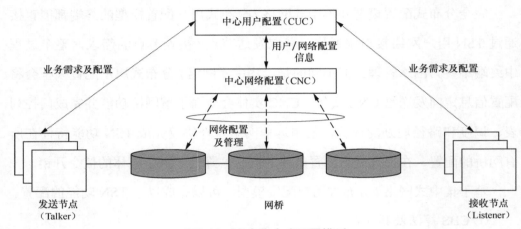

图6.11 完全集中式配置模型

在完全集中式配置模型中，CUC 的功能是发现终端、检索终端和收集用户 / 业务需求，并在终端中配置 TSN 特性。在这个模型中，CUC 和终端（发送节点和接收节点）之间使用相应的配置协议来检索终端功能和需求，并配置终端，CUC 和终端间的配置协议在 IEEE 802.1Qcc 中并未作要求，由实现者根据需求来选用。CNC 的功能则与集中 / 用户分布式模型中 CNC 的功能类似，使用远程管理来发现物理拓扑，检索网桥功能，并在每个网桥中配置 TSN 特性；完全集中式配置模型支持的 TSN 功能配置也与网络集中 / 用户分布式模型所支持的 TSN 功能配置相同。另外，完全集中式配置模型中 CNC 还增加了与 CUC 连接的北向接口，即 UNI，用于实现用户需求及业务信息在 CUC 和 CNC 之间的传递、交互。

完全集中式配置模型提供了集中的用户配置功能，为分布式工业应用程序设计、更多业务流适配性等提供了灵活、高效的配置方式。对于 CNC 与 CUC

之间的 TSN 功能配置，可从逻辑上将其看作一个请求 / 反馈的信息交互过程：终端站点或 CUC 发送包含发送节点 / 接收节点组信息的请求消息；网桥或 CNC 发送包含状态信息的反馈消息。下面将针对完全集中式配置模型下的用户业务和网络配置流程进行详细阐述。

（1）节点发现

CUC 使用用户 / 业务配置协议找到需进行业务流传输的发送和接收节点，即 Talker 和 Listener 的发现。

（2）终端能力获取

CUC 读取每个终端节点的状态、能力等信息，例如，终端节点端口数量、MAC 地址信息、端口 IEEE 802.1Q 功能、业务属性信息（业务流最大帧长度及最大帧间隔等）。

（3）CUC 进行分布式应用程序设计

在此过程中，CUC 收集了需要进行通信的终端节点信息及业务流信息，从而决定在哪些终端站点间建立通信，也就是说，CUC 用于设计流，包括为每个流选择发送方和接收方，CUC 还用于设计应用程序的时间需求。

CUC 为每个流创建流 ID（Stream ID）、流分级（每个流在应用程序中的重要性）、网络要求（最大时延要求等），终端站点不直接获取这些信息，而是由 CUC 将这些信息创建后发送给 CNC。

（4）在 CNC 中进行网络拓扑发现

CNC 使用 IEEE 802.1AB 提出的本地链路层发现协议（Link Layer Discovery Protocol，LLDP）和远程管理协议发现终端点站和网桥之间的物理连接。

（5）CNC 读取网桥的 TSN 能力

CNC 使用远程管理协议来读取每个网桥的 TSN 能力。CNC 使用远程管理协议来读取每个网桥节点和端口的 TSN 能力，例如网桥时延、每个网桥的传播时延，从而计算累积时延。CNC 使用来自 IEEE 802.1 MIB/YANG 的网桥和端口标识，获取相应端口功能，包括时间同步、帧抢占、帧复制删除等 TSN 能力。此外，CNC 将从每个网桥读取桥时延和传播时延，以计算累积时延。

（6）CUC 向 CNC 发送 Talker/Listener 组信息

CUC 通过向 CNC 发送"加入"请求来进行业务流的配置，该请求中包含了每个流的发送和接收端点信息（例如，MAC 地址），使 CNC 能够将每条流的发送和接收终端节点连接到相邻的网桥节点端口。

（7）CNC 进行 TSN 域配置

利用第（4）步到第（6）步得到的信息，CNC 知道发送节点和接收节点之间所有的 TSN 网桥设备情况，并同时掌握不进行帧传输的桥接端口的信息，从而可以有效地为所有流定义 TSN 域。在 TSN 域内，CNC 基于目的 MAC 地址信息和 VLAN ID 对各节点的 TSN 特性进行配置。

（8）CNC 为业务流配置 TSN 功能

基于 IEEE 802.1Q 提供的管理功能，CNC 对发送端和接收端路径上的网桥设备进行 TSN 功能配置，所配置的 TSN 功能包括增强型的业务流调度策略（TAS）、帧抢占、CBS 等。

（9）CNC 返回流状态给 CUC

当 CNC 在 TSN 中为每条流完成相应的 TSN 功能配置后，CNC 会将每条流配置成功 / 失败、累积时延、终端站点接口配置等消息反馈给 CUC。

（10）CUC 配置终端站点

若存在流配置失败的状况（有一条或多条流未能完成在网络中的 TSN 功能配置），则 CUC 会对相应流的业务需求进行调整，并返回步骤（3）重新进行流配置。

（11）CUC 执行业务

时间敏感网络中，可能存在多个 CUC 进行不同的业务配置和管理；在这种情况下，若 CNC 完成了当前 CUC 的所有业务配置，可以继续为其他 CUC 的业务流进行网桥资源配置。

（12）CUC 中断业务

对于已经结束数据传输的流，CUC 可以发送"注销"请求，CNC 能够对其进行处理。若业务信息有更新，则可返回到步骤（1）（2）（3）进行处理。

6.2.5　用户 / 网络配置信息

在 TSN 中，用户 / 网络配置信息包含 3 个方面。

① 数据发送端包含用户到网络的组件。

② 数据接收端包含网络到用户的组件。

③ 状态用于指示业务流的网络配置状态的组件，提醒用户（收发端节点）业务流何时能够进行发送或配置出现了什么错误。

支持 TSN 用户 / 网络配置信息的协议需要对上述 3 个方面的信息进行集成，为 TSN 业务端到端的传输提供完整的网络信息配置。

（1）发送端用户 / 网络配置信息

发送端进行用户和业务配置主要是将发送端业务流的需求、状态等信息发送给网络中的决策或配置节点，主要提供以下信息。

① 发送端对业务流操作的行为，包括如何发送、何时发送。

② 发送端对网络的要求。

③ 发送端接口的 TSN 能力。

为了使发送端能够提供上述信息，IEEE 802.1Qcc 中对发送端相关能力的信息进行了定义，发送端用户 / 网络配置信息主要包含以下主要参数。

① 流标识信息：为 TSN 中业务流的配置提供了唯一的标识，用以将用户的业务流与网络资源进行关联，无论是发送端、接收端还是状态消息，均包含流 ID 信息。

② 流等级信息：用以区分所表示的业务流与网络中其他业务流的关系，即网络中流的重要程度。为了简化设计，该值只能取"0"（表示紧急业务）或"1"（表示非紧急业务）。当 TSN 资源紧缺时，流等级信息被用来辅助决策哪些业

务流信息将被丢弃。

③ 终端节点接口信息：提供一组包含一个或多个端口 ID 的信息，每个端口 ID 对应一个物理接口。端口 ID 信息包括端口的 MAC 地址和端口名称。

④ 数据帧特征信息：数据帧特征信息用来标记承载发送端业务流的数据帧的类别，使网络能够识别该数据帧为 TSN 业务，并进行相应的 TSN 配置。该信息主要包含以下数据帧类型。

• IEEE 802-MAC 地址信息：目的和源节点的 MAC 地址信息。

• IEEE 802-VLAN 标签：优先级代码（PCP）和 VLAN ID 信息。

• IPv4 元组信息：源和目的 IP 地址信息、DSCP 信息、协议类型、源端口和目的端口信息。

• IPv6 元组信息：源和目的 IP 地址信息、DSCP 信息、协议类型、源端口和目的端口信息。

⑤ 业务流特征信息：业务流特征信息用来说明发送节点进行业务流发送时的数据帧特征。业务流特征较为关键，是网络进行资源分配和调整网桥设备中队列参数的重要依据。

业务流特征信息分为必选信息和可选信息。

必选信息包括以下内容。

• 数据帧间隔：数据帧发送的周期时间。

• 单周期中最大帧发送数目：标记每个周期中，最多可以发送的帧个数。

• 最大帧长度：标记发送端可以发送的帧的最大长度，该长度中包含 MAC 层相关的信令开销（例如，802.3 报文头部、优先级 / VID 标签、CRC 和帧间隔等）。

• 传输机制选择：标记发送端进行业务流发送时所采用的算法和机制，例如 CBS、TAS 等。若不采用任何算法，则可将该值设置为"0"，默认采用严格优先级机制。

可选信息主要是一些与时间相关的参数变量，这些参数变量是网络返回给终端的状态信息中的一部分，发送终端根据这些信息进行业务流发送的调度。可选信息主要包括以下内容。

● 最早传输时间偏移：标记在一个发送周期里发送端可以发送数据帧的最早时间，其值是一个单位为纳秒的整数值。

● 最晚传输时间偏移：标记在一个发送周期里发送端可以发送数据帧的最晚时间，其值是一个单位为纳秒的整数值。

● 时延抖动：标记发送端发送偏移与理想的网络同步时间之间的最大差异，其值是一个单位为纳秒的整数值。

⑥ 用户对网络的需求：标记所传输业务流的端到端最大传输时延、可靠性（主要是冗余路径要求）等指标要求，网络将尽量满足所有的业务指标要求。

⑦ 端口能力：标记终端节点接口中提到的所有端口的网络能力。根据接口能力信息，网络将在状态信息中提供相关的参数对接口进行 TSN 能力配置，相关参数如下。

● VLAN 标签能力：表明端口是否具备给用户数据帧添加 VLAN 标签的能力。若未带有 VLAN 标签的数据帧通过该端口，则该端口会在帧结构中插入相应的 VLAN 标签（VLAN TAG）。

● CB 流识别类型列表：提供支持 IEEE 802.1CB 中帧复制删除能力的业务流类型。若发送或终端节点不支持 IEEE 802.1CB 中定义的帧复制删除能力，则该列表设置为空。

● CB 流序号类型列表：提供支持 IEEE 802.1CB 中流序号编码和解码功能的编号类型。

（2）接收端用户 / 网络配置信息

接收端用户 / 网络配置信息主要是接收端将其对网络的要求信息、接收端接口能力信息等告知网络控制实体，以便为业务流进行端到端的配置。在完全分布式配置模型和集中式网络 / 分布式用户配置模型中，该类信息由接收终端发送；在完全集中式配置模式中，该类信息由 CUC 发送。

IEEE 802.1Qcc 中对接收端相关能力信息进行了定义，与发送端需要提供的信息相比，接收端的用户／网络配置信息相对较少，主要包括以下参数。

① 流标识信息。

② 终端节点接口信息。

③ 用户对网络的要求。

④ 端口能力。

（3）状态信息

状态信息的目的是网络将各业务流的配置状态告知发送／接收节点或 CUC，从而让其更好地准备业务流的传输。对于 TSN 配置协议而言，网络控制实体在收到发送／接收节点或 CUC 发送的用户／网络配置信息后，需要反馈至少一组相应的配置状态信息，以对终端节点或 CUC 发起的"加入"或"注销"请求进行响应。

网络反馈的业务流配置状态信息主要包含以下参数。

① 流标识信息：网络可能同时对多条业务流进行网络配置，流 ID 标识了所反馈状态消息组所对应的业务流。

② 状态信息：标识了网络对于业务流配置状态的反馈信息，包含对发送节点、接收节点配置状态的说明及相应错误代码的提示。

③ 累积时延：提供了网络的时延指标，是数据帧在当前收发端路径传输的最差情况时延，该值是单位为纳秒的整数值。对于接收端，网络会反馈该接收端对应业务流的最差情况时延；对于发送端，网络会反馈该发送端对应业务流的最差情况时延。

④ 端口配置：网络对发送端／接收端端口进行配置，使网络能够满足业务流的 QoS 要求。该消息中包括目的和源 MAC 地址消息、VLAN 标签消息、IPv4 和 IPv6 元组消息及用于控制数据发送时间的时间偏移量。

⑤ 配置失败端口信息：若反馈的状态信息中有配置失败的端口，则该消息提供包含配置失败端口 ID 的一组列表（包含一个或多个物理端口），用以

进行错误定位。

6.3 时间敏感网络数据配置模型

网络设备的即插即用功能对于一个灵活、稳定的网络而言十分重要，其极大地简化了网络运营管理成本和使用成本。IEEE 802.1 工作组为增强时间敏感网络管理与配置的灵活性和便捷性，提出了一系列标准协议并对数据配置语言和管理模型进行了定义，从而使时间敏感网络的终端、网桥设备能够实现自动配置和管理。本节聚焦 IEEE 802.1Qcp 中提出的针对网桥及桥接网络的基本 YANG 模型，重点介绍如何通过 YANG 模型描述或构建网桥、桥接网络信息的基本语法、数据结构。

6.3.1 协议概述

时间敏感网络由多项关键功能协议构成，在实际组网过程中，经常会面临终端节点和网桥节点新增或因故障退出的情况，若时间敏感网络的管理实体不能通过与网元间信息的交互完成相应终端状态、拓扑状态、数据状态的变化而进行动态管理，则时间敏感网络将很难面向实际应用。因此，基于 IETF 提出的 YANG 模型及 NETCONF 协议，TSN 工作组针对数据配置和管理模型的建立问题提出了 IEEE 802.1Qcp，IEEE 802.1Qcp 对网桥和桥接网络中的 YANG 模型和操作状态模型进行了定义。此外，针对时间敏感网络多项关键功能的配置，IEEE 802.1 工作组正在进行一系列 YANG 模型的修订和扩展标准工作，其中，IEEE P802.1Qcx 标准拟制定支持桥接网络中的连接、故障和管理配置功能的 YANG 模型，同时阐述 CFM YANG 数据模型与其他管理功能模型之间的关系；IEEE P802.1Qcw 标准拟制定支持 CNC 模型及调度、抢占等配置功能的 YANG 模型；IEEE P802.1ABcu 标准拟制定支持本地链路发现协议配置功能的 YANG 模型；IEEE P802.1CBcv 标准拟制定支持帧复制删除配置功能的 YANG 模型。

YANG 数据模型是一种用于配置状态数据、网络管理协议通知数据等的统一建模语言（Unified Modeling Language，UML），它需要网络配置协议（例如，NETCONF）对其进行配置或者操作，IEEE 802.1Qcp 解决了时间敏感网络中节点数据配置和管理模型的建立问题，定义了 YANG 配置和操作状态模型，提供了节点状态信息周期性上报及配置网桥设备及其部件（端口等）的框架。

6.3.2　NETCONF 协议与 YANG 模型

YANG 模型和与其相关的 NETCONF 不是针对时间敏感网络提出的新技术，在时间敏感网络中，使用 YANG 模型来对 TSN 的组件模块进行描述，用 NETCONF 对 TSN 的网络功能进行配置。NETCONF 和 YANG 模型分别是由 IETF RFC 6241 和 RFC 6020 提出的网络自动配置协议和数据模型语言，其中，NETCONF 是安装、编辑和删除网络设备配置的标准协议；YANG 是一种数据模型语言，用来描述 NETCONF 相关的网络配置和网络状态的数据模型，包括 NETCONF 支持的远程过程调用（Remote Procedure Call，RPC）消息和异步通知。NETCONF 协议和 YANG 模型的目的是以可编程的方式实现网络配置的自动化，从而简化和加快网络设备和服务的部署，为网络运营商和企业用户节约成本。YANG 本身不是数据模型，而是定义数据模型的语言。YANG 模型和 NETCONF 协议是相伴而生的，虽然，原则上 YANG 模型也能够用于其他的协议和不同的领域，但基本上可以认为其是为 NETCONF 协议量身定制的。NETCONF/YANG 并不规范配置的内容，支持 NETCONF/YANG 的设备供应商可保留自己特有的配置内容，但需要转换成用 YANG 定义的数据模型。NETCONF 通过定义标准的操作接口，用统一的方法对配置内容进行安装、编辑、删除等操作，并能够获取设备运行的状态数据。也就是说，数据内容可以不同，但定义数据（YANG）和操作数据（NETCONF）的方法必须一致。

（1）NETCONF 协议基本概念

NETCONF 是一种基于可扩展标记语言（Extensible Markup Language，XML）的网络管理协议，它提供了一种可编程的、对网络设备进行配置和管理的方法。用户可以通过该协议设置参数、获取参数值、获取统计信息等。NETCONF 报文使用 XML 格式，具有强大的过滤能力，且每一个数据项都有一个固定的元素名称和位置，这使同一厂商的不同设备具有相同的访问方式和结果呈现方式，不同厂商之间的设备也可以经过映射 XML 得到相同的效果。因此，它对第三方软件的开发非常有帮助，很容易开发出不同厂商、不同设备环境下的特殊定制的网管软件。

NETCONF 协议层次示意如图 6.12 所示。RFC 6241 将 NETCONF 的协议架构分为 4 层，自下而上分别是安全传输层、消息层、操作层和内容层。

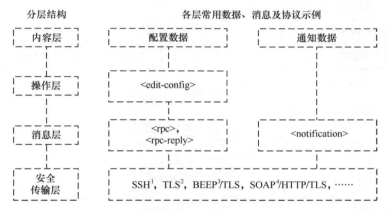

注：1. SSH（Secure Shell，安全外壳）。
　　2. TLS（Transport Layer Security，传输层安全性）。
　　3. BEEP（Blocks Extensible Exchange Protocol，块可扩展交换协议）。
　　4. SOAP（Simple Object Access Protocol，简单对象访问协议）。

图6.12　NETCONF协议层次示意

安全传输层的目的是为信息的发送提供面向连接、具有安全保障的连接服务，比较常用的协议包括 SSH、TLS 等。

消息层基于 RPC 定义了设备调用和请求的消息框架，网管发出"RPC-Req"，网络设备回复"RPC-Reply"。

操作层定义了一组用来配置、复制、删除设备命令及获取设备信息的基本操作，这些基本操作都是在 XML 语言下被调用的，包括：配置及运行数据命令 "Get"；获取配置数据命令 "Get-Config"；配置网络设备的参数 "Edit-Config" "Delete-Config"，支持增删改等常用参数编辑操作；复制配置到目的地命令 "Copy-Config"，目的地可以是文件或者是正在运行的配置等；对配置进行锁定或解锁的指令 "Lock/Unlock"，防止多进程操作导致配置冲突或失败等情况。

内容层由管理数据内容、配置内容的数据模型定义，用来描述要配置、删除或者获取的数据。YANG 模型就是内容层的数据模型描述语言。

基于 NETCONF 的网络配置流程如图 6.13 所示。需要为远程配置建立会话，并在会话中实现管理端和网络端的多次 RPC 信息交互，实现配置信息在网络设备上的自动配置和管理。

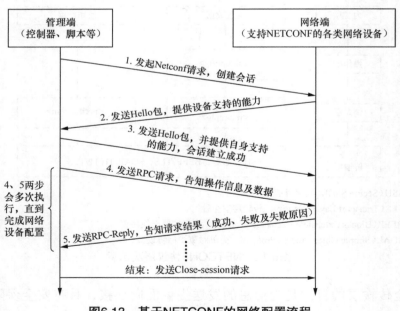

图6.13　基于NETCONF的网络配置流程

（2）YANG 模型基础

数据模型的作用是描述一组具有统一标准的数据，并用明确的参数和模型将数据的呈现标准化、规范化。YANG 是一种"以网络为中心的数据模型语言"（Network-centric Data Modeling Language），由 IETF 于 2010 年 10 月（也就是 NETCONF 终稿发布前的一年）在 RFC 6020 中提出。

YANG 模型是由无数的叶子、列表、叶列表、容器组成的描述整个设备的一种树形结构。YANG 模型主要定义了 4 种类型的数据节点，包括叶节点（leaf）、列表节点（list）、叶列表节点（leaf-list）和容器节点（container）。

（1）叶节点

叶节点仅包含简单的数据，例如整数和字符串。它只有一个特定类型的值，没有子节点。叶节点示例如图 6.14 所示，定义一个名为主机名（host-name）的叶节点，"type"是字符串类型，"description"是对主机名的描述。

```
1. leaf host-name {
2.          type string;
3.          description "Hostname for this system";
4.      }
```

图6.14　叶节点示例

（2）列表节点

列表节点是一系列数据节点的集合，每个列表项都像是一个结构体或者一个记录实例，名为"key"的叶节点的值唯一确定，一个列表节点能够定义多个"key"叶节点。列表中可包含任意类型的、任意数目的子节点，子节点可以是容器、叶节点、叶列表。

列表节点示例如图 6.15 所示，该列表节点名称为"user"，列表中包含了3 个叶节点，分别是"name""full-name"和"class"，其中"name"为 key，即该值是唯一的，其他值（"full-name"和"class"）可以相同。

```
1   list user {
2       key "name";
3       leaf name {
4           type string;
5       }
```

图6.15　列表节点示例

```
6      leaf full-name {
7          type string;
8      }
9      leaf class {
10         type string;
11     }
12  }
```

图6.15　列表节点示例（续）

（3）叶列表节点

叶列表节点是只有一个叶节点的列表，列表中的子节点都有特定类型的值。因此，叶列表节点定义了特定类型的一个数组。

叶列表节点示例如图 6.16 所示，示例中定义了一个名为 "domain-search" 的叶列表节点，"domain-search" 可以包含多个不同的值，但是值的类型都是字符串类型。

```
1  leaf-list domain-search {
2      type string;
3      description "List of domain names to search";
4  }
```

图6.16　叶列表节点示例

（4）容器节点

容器节点只有子节点而没有具体值，用于将相关节点归总到一个子树中。一个容器节点可包含任何类型、任何数量的子节点（包括叶节点、列表节点、叶列表节点和容器节点）。

容器节点示例如图 6.17 所示，示例中定义了一个名为 "system" 的容器，该容器中还包含了一个名为 "login" 的容器，容器 "login" 中包含了一个名为 "message" 的叶节点。

```
1  container system {
2      container login {
3          leaf message {
4              type string;
5              description
```

图6.17　容器节点示例

```
6                    "Message given at start of login session";
7          }
8      }
9  }
```

图6.17　容器节点示例（续）

当然，YANG 模型除了定义 4 种主要的数据节点，也引入了组（grouping）、分支（choice）和派生类型（typedef）等功能定义语句。具体的相关语句功能可在 RFC 6020 中查阅，本节不再赘述。

YANG 使用模块（Module）和子模块（Submodule）进行数据建模。模块是 YANG 语言中的基本单位，每个模块能够定义一个完整的模型，或者对当前数据模型做额外扩展。模块中可以包含任意多个子模块，并能够为一个模块提供相关定义，但是每个子模块只能属于一个模块。

一个模块的定义和信息能够从外部的模块中导入，也可以从子模块中导入。一个 YANG 模块定义了具有垂直结构的数据，这些数据可以被用于基于 NETCONF 的操作，例如，configuration、state date、RPCs 及 notifications。它使 NETCONF 的 client 和 server 之间有了完整的数据描述。

结合前述 YANG 模型基本数据类型示例，下面示例中将各种数据类型组合起来，定义一个简单的模块，形成了对某一个节点或系统模型的完整描述。对某一节点或系统模型的完整描述如图 6.18 所示。

```
1   // Contents of "acme-system.yang"
2   module acme-system {
3       namespace "http://acme.example.com/system";
4       prefix "acme";
5
6       organization "ACME Inc.";
7       contact "joe@acme.example.com";
8       description
9           "The module for entities implementing the ACME system.";
10
11      revision 2007-06-09 {
12          description "Initial revision.";
13      }
14
15      container system {
16          leaf host-name {
17              type string;
```

图6.18　对某一节点或系统模型的完整描述

```
18          description "Hostname for this system";
19      }
20
21      leaf-list domain-search {
22          type string;
23          description "List of domain names to search";
24      }
25
26      container login {
27          leaf message {
28              type string;
29              description
30                  "Message given at start of login session";
31          }
32
33          list user {
34              key "name";
35              leaf name {
36                  type string;
37              }
38              leaf full-name {
39                  type string;
40              }
41              leaf class {
42                  type string;
43              }
44          }
45      }
46  }
47 }
```

图6.18 对某一节点或系统模型的完整描述（续）

总而言之，YANG 模型是一种树形结构的建模语言，具有自己的语法格式和语法结构，可以用来定义网络元素及元素间的关系，并模拟所有的元素成为一个系统；YANG 模型还可以与 XLM 格式进行无缝转换，YANG 数据模型的 XML 特性提供了一种自表述数据的方式，控制器元素和采用控制器北向应用程序编程接口（Application Programming Interface，API）的应用能以一种原生格式与数据模型一起调用，可以创建针对所提供功能的更简单的 API，降低了控制器元素和应用开发的难度。因此，YANG 模型在定义方式、组织方式上较为灵活。

6.3.3 IEEE 802.1Q 中的 YANG 模型

为了对 IEEE 802.1Q 定义的网桥及节点状态进行监控并进行相应的管理和控制，IEEE 802.1Qcp 定义了网桥的 YANG 数据模型，包括两端口 MAC 中

继节点 Yang 模块、用户 VLAN 网桥节点 YANG 模块和服务提供商网桥节点
YANG 模型等，IEEE 802.1Qcp 定义的 6 种类型 YANG 模块见表 6.1。

表 6.1　IEEE 802.1Qcp 定义的 6 种类型 YANG 模块

模块名称	说明
ieee802–types	用于 IEEE 802 定义的通用模块
ieee802–dotlq–types	用于 IEEE 802.1Q 定义的通用模块
iece802–dotlq–bridge	用于 IEEE 802.1Q 定义的通用网桥 YANG 模块
ieee802–dotlq–tpmr	两端口 MAC 中继节点 YANG 模块
ieee802–dotq–vlan–bridge	用户 VLAN 网桥节点 YANG 模块
ieee802–dotlq–pb	服务提供商网桥节点 YANG 模块

"ieee802-types" 和 "ieee802-dot1q-types" 主要定义了 IEEE 802 和 IEEE
802.1Q 的信息声明和通用数据类型，"ieee802-dotlq-types" YANG 模块导入了
"ieee802-types" YANG 模块的数据模型，并对 VLAN 类型、VLANID、优先级、
端口数量等网桥通用信息进行了扩展定义。本部分主要介绍通用的 802.1Q
网桥 YANG 模块、两端口 MAC 中继节点（Two-Port MAC Relay，TPMR）
YANG 模块、用户 VLAN 网桥节点 YANG 模块和服务提供商网桥节点 YANG
模块。

（1）IEEE 802.1Q 通用网桥 YANG 模块

IEEE 802.1Q 通用网桥 YANG 模块被命名为 "ieee802-dotlq-bridge"，该模
块有两个 YANG 分支（子树），定义了网桥和网桥端口两大类模型。对于网桥
子树，该模块对网桥部件、过滤器数据库（包含用于转发流程中决策转发端
口的过滤器信息）、永久数据库、网桥 VLAN 和网桥多生成树等资源进行了描
述；对于网桥端口子树，该模块对 VID 转换规则、输出端口 VID 转换规则、
与性能和业务分析相关的数据等模型进行了定义。

（2）两端口 MAC 中继节点 YANG 模块

两端口 MAC 中继节点主要用于不支持 VLAN 的二层数据中继和转发节
点，该节点模块被命名为 "ieee802-dot1q-tpmr"，该模块在 "ieee802-dot1q-bridge"

模块的基础上进行了拓展和修改，限制了网桥部件数量、网桥类型和网桥端口数量。该模块有 3 个 YANG 子树，分别为对 TPMR 的描述、对网桥端口的描述和对 MAC 状态的描述。

（3）用户 VLAN 网桥节点 YANG 模块

用户 VLAN 网桥 YANG 模块被命名为"ieee802-dot1q-vlan-bridge"，该模块也是在"ieee802-dot1q-bridge"模块的基础上进行了拓展和修改，限制了网桥部件数量、网桥类型，并对"ieee802-dot1q-bridge"模块中"网桥端口"子树中的参数进行了增强。

（4）服务提供商网桥节点 YANG 模块

服务提供商网桥节点 YANG 模块被命名为"ieee802-dot1q-pb"，该模块分为两个 YANG 分支（子树），该模块中的"提供商网桥节点"子树继承了"ieee802-dot1q-bridge"模块中的数据类型定义，但对原模块中"端口类型"子树进行了修改。

第 7 章

CHAPTER 7

时间敏感网络与
5G 的协同技术

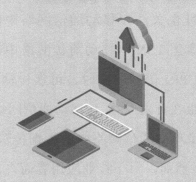

未来工业互联网需要满足智能工厂"人、机、料、法、环"多要素的全面互联，进行全程多域的数据采集以满足数字孪生工厂的构建，从而实现生产全流程的灵活调配与优化生产。随着机器人、无人机等智能化工业设备的广泛使用，智能化工业业务对无线网络的需求愈发迫切。在此背景下，具有低时延、低抖动、高可靠的5G移动通信技术逐渐被工业、电力及车联网等诸多垂直应用关注。

5G不再仅仅支持人与人之间的通信，还能使工业现场设备能够实现更加便捷、灵活的网络接入，满足工业的无线化需求。赋能垂直行业是5G的另一项重要使命。然而，5G无线信道特性不利于工业控制业务的确定性传输，尤其涉及工业控制系统的场景，其对网络的稳定性要求更高，如何在接入无线网络的同时保证工业业务传输的确定性，是5G深度赋能行业所必须具备的关键技术能力。因此，5G-TSN协同传输技术是当下产业界和学术界共同关注的热点话题。

作为在局域范围内提供数据传输端到端确定性保障和多业务统一承载能力的网络技术，TSN也关注在移动通信网络中的应用，IEEE 802.1CM、IEEE P1914.1等协议聚焦TSN在移动前传网络中的应用，为5G分布式架构中BBU与RRU间CPRI信号的实时、可靠传输提供确定性保障。然而，IEEE 802.1 TSN工作组在针对TSN与移动通信网络的应用时，更多将TSN作为一种承载技术保障移动通信网络中的数据传输，致力于构建TSN的移动通信系统应用行规。然而，对于行业应用者而言，如何实现工业场景中诸多设备的无线化是其关注的重点，如何将TSN的架构、机制融入5G系统，使5G系统在低时延、高可靠特征基础上增强数据传输的确定性和稳定性，是当前行业关注的焦点。因此，本章将围绕3GPP正式发布的R16（Release 16）版本中提出的5G-TSN桥接网络架构展开介绍，对5G-TSN协同架构及网元功能、跨5G与TSN的数据协同传输流程等进行介绍。然而，5G-TSN协同传输的研究目前才刚起步，有诸多工作仍在探索过程中，7.3节将对5G与

TSN 协同面临的挑战及当前正在开展的协同关键技术进行分析和探讨，7.4 节对基于 5G-TSN 的应用进行了展望。

7.1　5G 与 TSN 协同架构

3GPP 是全球影响力最大、落地商用最成功的通信标准化组织之一。2020 年 7 月，由 3GPP 制定的 5G 标准被国际电信联盟确认为 IMT-2020 框架下的唯一标准。5G 标准化工作始于 R14，2017 年 6 月冻结的 R14 主要负责 5G 系统框架和关键技术研究；2018 年 9 月冻结的 R15 是第一个版本的 5G 标准，可以满足部分 5G 需求；2020 年 7 月冻结的 R16 完成了 5G 全部标准化工作。此外，5G 标准化在推出 R15、R16 和 R17 3 个版本之后，3GPP 在 2021 年 4 月决定从 R18 开始正式启动 5G 后续演进标准的制定，并且正式将 5G 演进标准定名为 5G-Advanced。

目前已经发布的 5G R16 标准在提升增强型移动宽带能力和基础网络架构能力的同时，强化了对垂直产业应用的支持，其涵盖载波聚合大频宽增强、提升多天线技术、终端节能、定位应用、5G 车联网、低时延高可靠服务、切片安全、5G 蜂窝物联网安全、超高可靠低时延通信（ultra Reliable and Low Latency Communications，uRLLC）安全等，R16 在 R15 的基础上进一步制定了高性能、全业务网的 5G 标准，并且主要服务于企业应用场景。在向垂直行业扩展方面，5G 标准提出了 5G 切片、5G LAN 等技术。最为关键的一个特征是 R16 提出了 5G 与 TSN 的协同，5G uRLLC 能力的逐步成熟，为实现 5G 与 TSN 的融合提供了灵活帧结构、空口双连接等低时延、高可靠保障。然而，5G 和 TSN 是两种通信机理不同、协议机制各异的通信技术，如何在不对各自的系统架构和机制造成颠覆性改动的前提下，实现两个系统的有机协同，成为 3GPP 在进行 5G 支持 TSN 功能时重点考虑的问题。因此，本节将着重介绍 3GPP 提出的 5G TSN 网桥结构，并重点对网元功能进行介绍。

7.1.1 5G-TSN 网桥架构

2020 年 7 月，3GPP 发布的 5G R16 定义了 5G-TSN 协同架构，5G 网络包括终端、无线、承载和核心网，在 TSN 中作为一个透明的网桥。3GPP 标准定义的 5G-TSN 网桥协同架构模型如图 7.1 所示。

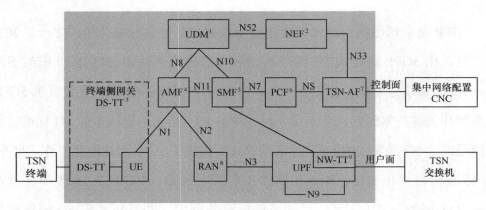

注：1. UDM（Unified Data Management，统一数据管理）。
   2. NEF（Network Exposure Function，网络开放功能）。
   3. DS-TT（Device Side TSN Translator，设备侧 TSN 转换器）。
   4. AMF（Access and Mobility Management Function，接入与移动管理功能）。
   5. SMF（Session Management Function，会话管理功能）。
   6. PCF（Policy Control Function，策略控制功能）。
   7. TSN-AF（TSN-Application Function，TSN 应用功能实体）。
   8. RAN（Radio Access Network，无线接入网络）。
   9. NW-TT（Network TSN Translator，网络侧 TSN 转换器）。

图7.1　3GPP 标准定义的5G-TSN网桥协同架构模型

3GPP 在 5G 核心网用户面和控制面增加了新的功能实体，实现跨域业务参数交互（时间信息、优先级信息、包大小及间隔、流方向等）、端口及队列管理、服务质量映射等功能，支持跨 5G 与 TSN 的时间触发业务流端到端确定性传输。

5G 网桥需要满足 IEEE 802.1 Qcc 定义的对于 TSN 集中化配置模型中网桥的要求，并且支持以下功能与 TSN 进行适配：①通过 MAC 寻址支持以太网流量；②保证服务的流量差异化，可以实现用户面功能（User Plane Function，UPF）与用户设备（User Equipment，UE）之间的确定性多种业务流量的共网高质量传输；③支持 TSN 集中式架构和时间同步机制；④支持 TSN 的管理和配置。

为了实现 5G 与 TSN 的适配，获取 TSN 配置信息及相关业务信息，5G 核心网在控制面和用户面都进行了部分网元功能的增强。

在控制面，5G-TSN 新增了 TSN-AF，主要完成 3 个方面的功能：首先，与 TSN 域中 CNC 实体进行交互，实现 TSN 流传递方向、流周期、传输时延预算、业务优先级等参数与 5G 的交互与传递；其次，与 5G 核心网中 PCF、SMF、AMF 等实体进行交互，实现 TSN 业务流关键参数在 5G 时钟下的修正与传递，并结合 TSN 业务流优先级配置相应的 5G QoS 模板，实现 5G 内的 QoS 保障；最后，TSN-AF 将与 UPF 网关及终端侧转换网关交互，实现 5G-TSN 网桥端口配置及管理功能。

在用户面，为避免 TSN 协议对 5G 新空口造成过多影响，5G 系统边界增加了协议转换网关：在 UPF 中新增 NW-TT，在 5G 终端侧增加了 DS-TT。NW-TT 和 DS-TT 支持 IEEE 802.1AS、IEEE 802.1Qcc 及 IEEE 802.1Qbv 等 TSN 的核心基础技术协议。UPF 增加了对 5G 域和 TSN 域时钟信息交互及监控功能，实现跨域的时钟信息同步；在此基础上，UPF 需实现基于精准时间的调度转发机制，提供桥接的二层服务，实现快速的数据包处理和转发。

从系统整体角度，5G 网络被视为一个逻辑的 TSN 网桥，由 DS-TT 和 NW-TT 提供基于精准时间的 TSN 数据流驻留和转发机制。IEEE 802.1Qcc 完全集中式网络架构下的 5G 逻辑网桥如图 7.2 所示。

每个 5G 网桥由 UE/DS-TT 侧的端口、UE 与 UPF 之间的用户面隧道（PDU 会话）及 UPF/NW-TT 侧的端口组成。其中，UE/DS-TT 侧的端口与 PDU 会话绑定，UPF/NW-TT 侧的端口支持与外部 TSN 连接。UE/DS-TT 侧的每个端口可以绑定一个 PDU 会话，连接在一个 UPF 中的所有 PDU 会话共同组成一个网桥；在 UPF 侧，每个网桥在 UPF 内有单个 NW-TT 实体，每个 NW-TT 包含多个端口。5G 系统可以充当多个网桥，用 UPF 来区分，网桥 ID 与 UPF

的 ID 具有关联关系。5G 系统多网桥与 TSN 组网的架构如图 7.3 所示。

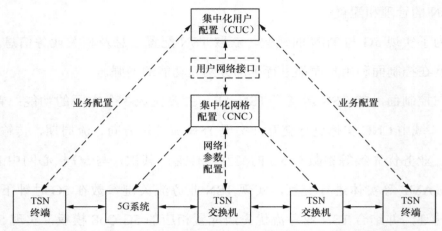

图7.2 IEEE 802.1Qcc完全集中式网络架构下的5G逻辑网桥

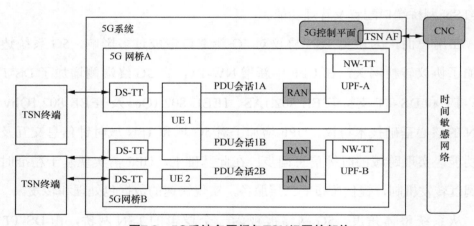

图7.3 5G系统多网桥与TSN组网的架构

7.1.2 5G-TSN 网桥关键网元功能

为了实现对 TSN 业务的感知和对 TSN 能力的适配，5G 网络在控制面和用户面都新增了部分网元，并且对核心网中 PCF、SMF 等网元功能进行了增强。

（1）控制面新增网元：TSN-AF

在不同场景中，TSN-AF 分别执行不同的功能。

首先，在周期性确定性业务通信场景中，TSN-AF 与 CNC 交互之后可以获取 PSFP 参数，并使用它们计算业务模式参数（例如，参考入口端口的突发到达时间、周期性和流向），并将这些参数通过 PCF 转发给 SMF，之后再由 SMF 提供给 5G 接入网络。如果 TSN 流属于同一业务类别，终止在同一出口端口中，且具有相同的周期性和兼容的突发到达时间，则 TSN-AF 可以启用 TSN 流的聚合，即 TSN-AF 为多个 TSN 流计算一组参数和一个容器，以使 TSN 流聚合到相同的 QoS 流。

在这种情况下，TSN-AF 为聚集的 TSN 流创建一个时间敏感通信（Time Sensitive Communication，TSC）辅助容器。SMF 将用 TSC 辅助容器绑定策略与计费控制（Policy Charging Control，PCC）规则。SMF 基于每个 QoS 流导出时间敏感通信辅助信息（TSC Assistance Information，TSCAI）并将其传递给 AMF。

其次，在 5GS 网桥信息上报到 TSN 期间，TSN-AF 会计算得出每个端口对和每个通信量类别业务的网桥时延并准备上报。对于计算网桥时延，TSN-AF 需要由 UE 在 PDU 会话建立时提供给网络 UE-DS-TT 驻留时间、在 UE 和终止 N6 接口的 NW-TT 之间的每个业务类别的最小和最大时延。通过 TSN-AF，5GS 网桥可以进一步向 TSN 公开其功能，包括单个端口和拓扑信息，这些内容包含在报告 5GS 网桥状态的信息中。TSN-AF 还存储 DS-TT 的端口和 PDU 会话之间的绑定关系、NW-TT 端口的信息（NW-TT 根据业务转发信息将业务转发到适当的出口端口）。以上信息全部需要经过 TSN-AF 传输到 CNC 进行 TSN 网桥注册和修改。

最后，在端到端通信场景中，为了保障融合网络的 Qos，需要 TSN-AF 和 PCF 执行 TSN QoS 流量类别和 5G QoS 配置文件之间的 QoS 映射。TSN-AF 可以决定 TSN QoS 参数（即优先级和时延），还可以与 CNC 交换端口和网桥管理信息，CNC 从 TSN-AF 获得 5GS 网桥 VLAN 配置。

（2）用户面新增网元：NW-TT 及 DS-TT

为了支持 TSN 协议且不对 5G 系统内部网元进行较大的改动，3GPP 在

5G-TSN 网桥结构的用户面新增加了两个协议转换网关，即 NW-TT 和 DS-TT，实现与 TSN 的协议适配。

在 5G 网络中，DS-TT、NW-TT 主要实现两个方面的功能。一方面，支持 IEEE 802.1Qbv 调度机制、IEEE 802.1Qci 流粒度的过滤和策略及报文缓存和转发机制，以满足多种类别流量对网络可用带宽和端到端时延不同的要求，并进行流计量和统计，为时间敏感类业务流提供有保障的比特速率（Guaranteed Bit Rate，GBR）。另一方面，DW-TT 和 NW-TT 侧分别实现 TSN 与 5G 时钟的同步，NW-TT 接收来自 TSN 系统的 gPTP 报文，并在 gPTP 报文头中加上时间戳，通过 UPF 将 gPTP 报文发送给 DS-TT；DS-TT 则根据接收到 gPTP 报文的时间及时间戳信息，计算 gPTP 报文在 5GS 内的驻留时间，并设置 gPTP 报文头进行时延补偿，完成本地和 TSN 时钟的同步及 TSN 时钟到 TSN 终端站的授时。

（3）控制面功能增强网元：PCF、AMF、SMF

PCF 作为 5G 核心网决策中心，在 5G-TSN 融合网络中主要负责对 TSN 业务的策略决策和下发通知。TSN 业务的 QoS 需求（例如，TSN 业务流特征、TSCAI 突发时间、周期、流向、优先级、时延、带宽等）通常通过 TSN-AF 传递给 PCF，然后 PCF 基于用户的签约和业务流的需求，为不同等级的用户 / 业务分配合适的 5G QoS 策略，例如，针对 TSN 业务流、TSN 时钟同步消息流分别指定满足各自传输需求的 QoS 流策略。

5G 核心网 SMF 和 AMF 网元通过控制面信令交互，获取 PCF 下发的业务 QoS 需求（例如 5G QoS 标识符），一方面由 AMF 通过 N2 接口将其携带给 RAN，另一方面由 SMF 通过 N4 接口将其携带给 UPF，由 UPF 和 UE 将不同 QoS 需求的业务流映射到合适的 PDU 会话和 QoS 流中，实现 5G 系统区分不同业务流的差异化 QoS 调度。

SMF 可以通过 PCF 与 TSN-AF 建立连接，交互 5G 网桥信息，例如时延、与相邻 TSN 节点的拓扑关系等，以及端口配置信息，转发给对应的 UE 和

UPF，以保证业务流量的共网高质量传输。

AMF 辅助 SMF、UPF 等网元实现对 TSN 业务的 PDU 会话管理，以及与 DS-TT 间的 TSN 参数和策略互通。

（4）用户面功能增强网元：UPF

UPF 增加了对 5G 域和 TSN 域时钟信息的交互及监控功能，实现跨域的时钟信息同步；在此基础上，UPF 需实现基于精准时间的调度转发机制，并支持以太网 PDU 会话类型，在 UE 和 TSN 域之间承载以太网帧，提供桥接的二层服务，实现快速地处理和转发数据包。在实际组网中，NW-TT 可能与 UPF 合设，也可分开部署。

7.2　基于 5G-TSN 协同架构的数据传输流程

实现 TSN 数据业务基于精准时间的调度转发机制，是 5G 系统支持 TSN 的最核心功能。5G 网桥中的网关 DS-TT 和 NW-TT 提供 TSN 数据流的驻留和转发机制，遵循 IEEE 802.1Qbv 标准，即采用 TAS 机制实现基于精准时间的数据转发。CNC 将根据业务流特征等对 TSN 域网桥设备和 5G 域中的 NW-TT、DS-TT 等设备进行门控列表设置，进而使 5G-TSN 协同完成数据的端到端传输。本节重点阐述基于 TAS 机制在 5G TSN 网桥系统中的数据传输流程，并分析在跨网传输中 5G 空口对数据传输造成的影响，最后对 5G 与 TSN 控制面的信令交互流程进行了介绍。

7.2.1　5G 空口对跨网传输的影响分析

IEEE 802.1Qbv 协议是 5G 系统新增网关 NW-TT 和 DS-TT 必须支持的关键核心协议，其目的是实现基于精准时间的数据转发，消除空口带来的不确定影响。跨 5G 与 TSN 数据传输示例的网络模型如图 7.4 所示。

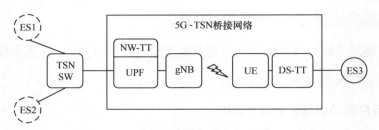

图7.4　跨5G与TSN数据传输示例的网络模型

假设 ES1 和 ES2 是可编程控制器（PLC），周期性产生控制指令，并将指令经由 5G-TSN 协同网络发送给位于远端的执行器 ES3。ES1 和 ES2 将业务流信息（周期、包长度等）上报给 CUC，CUC 将业务信息传递给 CNC 进行路径规划与资源调度，并对传输链路中 TSN 网桥节点 TSN SW 和 5G 系统中 DS-TT 的出口队列门控列表进行配置。

5G-TSN 协同数据传输流程如图 7.5 所示。

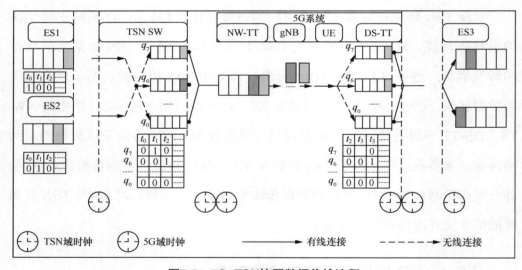

图7.5　5G-TSN协同数据传输流程

在图 7.5 的 TSN SW 和 DS-TT 下方列表中，在 t_1 时刻，TSN 网桥节点出口队列的门控列表设置为 10000000，其中，1 代表相应队列的控制门为开，数据可以发送，而其他队列中的数据将继续等待；在 t_3 时刻（$t_3 > t_1$），DS-TT 出口队列门控列表设置为 01000000，经由 UPF 和 5G 空口发送到

DS-TT 的 ES1 业务流数据分组将发送到 ES3，则该 ES1 数据分组到达 ES3
的时刻为：

$$t_{\text{arrive}}^{\text{ES1}} = t_3 + \frac{l_1}{R_{\text{TSN}}} \qquad\qquad 式（7-1）$$

其中，l_1 为 ES1 发送业务流数据分组长度。在包长度及网络速率确定的
情况下，由于 DS-TT 侧设置的发送时间 t_3 是确定的，所以 $t_{\text{arrive}}^{\text{ES1}}$ 也是一个确定值。
由于门控列表是周期性设置，假设门控列表周期为 T_{GCL}，则 ES1 业务流到达
ES3 的时间为 $t_{\text{arrive}}^{\text{ES1}}$，$T_{\text{GCL}}+ t_{\text{arrive}}^{\text{ES1}}$，$2T_{\text{GCL}}+ t_{\text{arrive}}^{\text{ES1}}$，$3T_{\text{GCL}}+ t_{\text{arrive}}^{\text{ES1}}$，……，从而保证时
间触发业务流传输时延的确定性。

然而，上述流程中并未充分考虑 5G 空口对数据传输带来的影响，由于空
口信道条件的不确定性，可能会出现数据帧未能在 DS-TT 设置的开门时间内
到达终端侧，从而导致周期性的控制数据帧未能在规定时间内送达目的节点。
下面将分析空口变化对数据帧传输造成的影响。

空口变化造成数据帧顺序紊乱如图 7.6 所示。数据帧 1 至数据帧 3 为具有
同等优先级的业务流，然而，在 5G 空口传输部分，由于数据帧 1 被分配的无
线资源信道状况较差，出现了丢包现象，需要对该数据帧进行重传，这将导
致接收端出现数据帧顺序的紊乱，出现时延抖动。

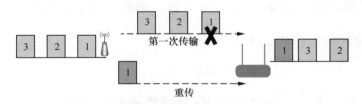

图7.6　空口变化造成数据帧顺序紊乱

空口变化造成数据帧丢失如图 7.7 所示。数据帧 A 和数据帧 B 是不同优
先级的业务流，将被映射到不同的出口队列中。然而，数据帧 B 在空口传输
时会出现信道状况极差的情况，出现多次重传的状况，最终导致超时，发生
丢包现象，造成接收端收到的数据不完整。

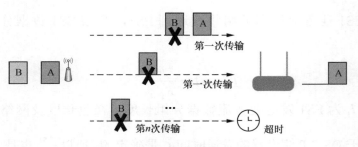

图7.7 空口变化造成数据帧丢失

下面以下行方向为例，阐述 5G 系统引入对端到端时延造成的影响，定义 5G 系统传输时延预算，5G 系统传输时延预算是指时间触发业务流数据分组进入 5G 入口（NW-TT/DS-TT）与离开 5G 出口（DS-TT/NW-TT）之间的时间差。数据端到端传输过程中各关键环节时间点如图 7.8 所示。

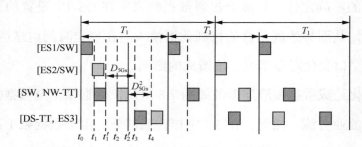

图7.8 数据端到端传输过程中各关键环节时间点

以 ES1 发送的时间触发业务流为例，数据包从 DS-TT 的发送时刻 t_3 由 5G 系统传输时延预算 D_{5GS}^1 决定，即：

$$t_3 = t_1' + D_{5GS}^1 \qquad\qquad 式（7-2）$$

其中，D_{5GS}^1 表示业务流 1 的 5G 系统传输时延预算，包括 5G 核心网处理及传输时延、5G 基站 / 终端处理时延及空口传输时延；t_1' 表示业务流 1 到达 5G 网络边缘网关 NW-TT 的时间。5G 无线信道的时变特性，导致时间触发业务流数据分组在 5G 网络中的传输时延 D_{5GS}^1 是变化的，若 $t_1' + D_{5GS}^1 < t_3$，即 ES1 数据包在 5G 系统传输时延预算之前到达，则该数据包仍需在队列中等待，直到 t3 时刻才会被发送，消除因 5G 空口变化而造成的传输时延抖动；

若 $t_1' + D_{5GS}^1 > t_3$，即数据包未能在要求的时间内将数据包发送到 DS-TT，这时 DS-TT 出口队列门控列表状态已经改变，该业务流所对应的队列已经关闭，则该数据包无法在规定周期内进行传送，影响控制业务流的稳定性。

进一步对 5G 系统传输时延预算进行分析，其可分解为：

$$D_{5GS}^i = \tau(\gamma_i) + \phi_i \qquad\qquad 式（7-3）$$

其中，γ_i 为该业务流的信干噪比；$\tau(\gamma_i)$ 为与空口信道相关的时延，包括基站因调度发生的排队时延、发送时延及因重传造成的时延；ϕ_i 为与空口传输无关的时延，包括核心网 / 基站 / 终端处理时延、核心网传输时延，这些时延与设备软硬件结构、传输网拓扑结构、数据包大小等因素相关，不受无线信道质量的影响。由式（7-3）可以看出，给时间敏感业务流跨 5G 与 TSN 传输带来最大不确定性的就是空口时延，其与无线信道质量相关，而无线信道是一个时变信道，会给确定性传输会带来较大的"随机性"。

7.2.2　5G-TSN 网桥管理

为了实现在协同架构下 TSN 业务流端到端的顺利传输，TSN 域的 CNC 需要与 5G 系统进行通信，为数据在两个网络中的转发建立相应的逻辑控制通道。当前 3GPP 提出的 5G-TSN 协同架构，其本质是将整个 5G 系统当作一个 TSN 的逻辑网桥，为了实现与 TSN 域网桥节点或终端节点的通信，需要在 5G 两侧的网关（即 NW-TT 和 DS-TT）处完成相关 TSN 网桥信息的配置，主要包含以下流程。

（1）网桥预配置

网桥预配置分为两个方面。一方面，5G 网桥根据自身存储的数据网络名称（Data Network Name，DNN）、流量类别、VLAN 信息为承载当前 TSN 业务的 PDU 会话选择合适的 UPF，同时 UPF 确定网桥 ID 和 UPF/NW-TT 侧端口；另一方面，TSN-AF 预先配置 QoS 映射表，用于查询 PDU 会话所对应的 TSN QoS 参数。

（2）网桥信息上报

在整个协同架构中，CNC 需要掌握整个网络的物理拓扑和各个网桥节点能力的完整信息，并针对复杂的业务信息集中计算出与业务流对应的调度信息（传输路径、资源需求和调度参数），配置交换设备。因此，CNC 需要了解 5G 网桥的必要信息，例如，网桥 ID、DS-TT 和 NW-TT 端口上的预定流量配置信息、5G 网桥的出口端口、流量类别及其优先级等。

其中，网桥 ID、NW-TT 中以太网的端口号可以在 UPF 上预先配置。在 PDU 会话建立期间，UPF 为 PDU 会话分配在 DS-TT 上的以太网端口号，并存储在 SMF 中。SMF 通过 PCF 将相关 PDU 会话的 DS-TT 和 NW-TT 中的以太网端口号和 MAC 地址提供给 TSN-AF。

UE 将会把数据帧在移动终端（UE 自身）和在 DS-TT 中的驻留时间上报给 TSN-AF，包括终端驻留时间、UE 与 DS-TT 端口之间数据转发时间、DS-TT 数据驻留时间，用于 TSN-AF 更新网桥时延。

TSN-AF 接收上述信息并将其注册或更新到 TSN CNC。

（3）网桥/端口管理信息交换

TSN-AF 与 DS-TT/NW-TT 之间传输标准化的特定端口的配置信息，为此，5G 系统需要提供端口管理信息容器（Port Management Information Container，PMIC），该容器详细定义了 TSN 数据业务的转发要求。

当端口信息从 TT 端口转发到 TSN-AF 时，终端侧的 DS-TT 端口向 UE 提供 PMIC，激发 UE 发起 PDU 会话，将该信息转发到 SMF，SMF 再将 PMIC 和相关以太网端口号一同转发到 TSN-AF；网络侧的 NW-TT 端口则将 PMIC 提供给 UPF，由 UPF 将信息转发到 SMF 再到 TSN-AF。

当端口信息从 TSN-AF 转发到 TT 端口，TSN-AF 需要提供 PMIC，并将 PDU 会话的 MAC 地址和即将要被管理的以太网端口号提供给 PCF，PCF 将 MAC 地址转发给 SMF，由 SMF 对比 MAC 地址是否与以太网端口号相关，并触发 PDU 会话修改过程，将 PMIC 转发到 NW-TT/DS-TT。

7.2.3　5G 与 TSN 的 QoS 映射

TSN 与 5G 的 QoS 保障策略不同，TSN 是根据业务优先级为不同的业务流提供数据转发的控制和管理策略，其业务区分机制是通过 TSN 数据帧结构中的优先级代码进行；5G 系统中虽然也是采用业务优先级区分机制，但其在整个系统中根据 5G QoS 标识符（5G QoS Identifier，5QI）给核心网、无线网提供不同的速率保障。因此，为了实现 TSN 域相关 QoS 参数向 5G 系统的传递和转换，5G 核心网中新增网元 TSN-AF 需要与 TSN 域中的控制网元 CNC 进行相关 QoS 参数的协商与传递。

在 5G 与 TSN 关于时间敏感类业务流 QoS 参数的协商和转换过程中，TSN 可以将 5G 系统视为一个黑盒子，整体采用 5G 系统的指定 QoS 框架。5G 系统作为 TSN 网桥出现，使用完善的 5G QoS 框架接收与 TSN 相关的业务请求。5G 系统使用 5G 内部信令来满足 TSN 预约请求，例如，5G 系统使用 QoS 流类型（例如 GBR、时延关键 GBR）、5QI、分配和预留优先级（Allocationand Retention Priority，ARP）等 5G 框架来满足请求 QoS 属性，5G 与 TSN 进行 QoS 协商过程如图 7.9 所示。

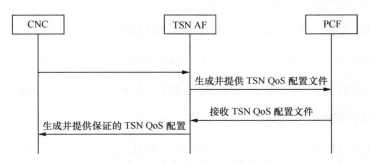

图7.9　5G与TSN进行QoS协商过程

5G 与 TSN 的 QoS 协商过程及 5G 系统生成 QoS 文件的过程具体如下。

（1）TSN-AF 计算 TSN QoS 参数

TSN-AF 从 CNC 接收 PSFP 信息和传输门控调度参数，计算业务模式参数（入口端口的突发到达时间、周期性和流向），通过建立映射表来决定 TSN

QoS 参数并将 QoS 信息与相应的业务流描述相关联。如果 TSN 流是同一业务类别、使用相同的出口端口、周期性相同、突发到达时间兼容，则 TSN-AF 会将这些流聚合到相同的 QoS 流，使其具有相同的 QoS 参数。此时，TSN AF 会为聚集的 TSN 流创建一个 TSC 辅助容器。

（2）PCF 执行 QoS 映射

CNC 经由 TSN AF 向 PCF 发起的 AF 会话中包含分配给 5G 网桥的 TSN QoS 需求和 TSN 调度参数，PCF 接收的相关信息如下。

① 以太网包过滤器的流描述，例如，以太网 PCP、VLAN ID、TSN 流终点 MAC 地址。

② TSN QoS 参数，即 TSC 辅助容器信息，例如，突发到达时间、周期性和流的方向。

③ TSN QoS 信息，即优先级、最大 TSC 突发大小、网桥时延和最大流比特率。

④ 端口管理信息容器及相关端口编号。

⑤ 网桥管理容器信息。

PCF 接收到上述信息之后，会根据 PCF 映射表设置 5G QoS 配置文件，触发 PDU 会话修改过程，建立新的 QoS 流。

5G QoS 配置文件包含的参数有分配和保留优先级（ARP）、保证流量比特率（GFBR）、最大流比特率（Maximum Flow Bit Rate，MFBR）、5G QoS 标识符（5QI）。其中，ARP 被设置为预配置值，MFBR 和 GFBR 可由 5GS 网桥接收的 PSFP 信息导出。

PCF 使用 DS-TT 端口 MAC 地址绑定 PDU 会话，基于 TSN QoS 信息导出 5QI。根据从 TSN-AF 接收的信息、导出的 5QI、ARP 提供的描述业务流的信息，PCF 可生成 PCC 规则（其中包含服务数据流过滤器、GBR、MBR 及从 AF 会话接收的 TSC 辅助容器信息），5G 核心网元 SMF 和 AMF 通过控制面信令交互，获取 PCF 输出的规则，一方面由 AMF 通过 N2 接口将其携带给 RAN，另一方面由 SMF 通过 N4 接口将其携带给 UPF，由 UPF 和 UE 将不同

QoS 需求的业务流映射到合适的 PDU 会话和 QoS 流中，实现 5G 系统区分不同业务流的差异化 QoS 调度。

7.3　5G-TSN 协同传输机制分析

虽然 3GPP 提出了 5G TSN 网桥架构，但仅对其架构特征、网元功能、关键信令流程等进行了规范，并未对 5G 与 TSN 间的协同传输机制进行定义。在学术领域，针对 5G 与 TSN 协同传输的研究也刚起步，其重点主要聚焦在 5G 系统空口如何提供可靠的资源保障，以实现时间敏感类业务在空口的低时延、高可靠传输。因此，本节将对 5G 与 TSN 协同传输面临的技术挑战进行分析，结合当前业界在该领域的研究现状，重点针对跨网时间同步机制、适配 TSN 的 5G 增强机制等方面的关键技术进行阐述。

7.3.1　5G-TSN 协同传输面临的挑战

时间敏感网络要确保传输路径上的所有节点都在同一时间基准上，且能"感知"信息的传输时间，从而确保信息在一个精准的、确定的、可预测的时间范围内从源节点发送到目标节点。然而，TSN 基于以太网架构，采用有线的方式进行信息传输，有线信道变化较小，信道特征对于信息传输时间的影响较小，具有较好的"可控性"，而 5G 蜂窝移动通信系统重要的特征是空口无线传输，因此，在 5G 与 TSN 协同网络中实现强实时业务的确定性传输，面临以下关键技术难题。

一方面，如何克服无线信道时变带来的不确定性。无线信道是时变信道，并且由于无线终端的移动特性，无线信道中快衰落和慢衰落同时存在，这对数据传输的可靠性造成了极大的影响。终端移动、无线信道变化会带来数据的丢失，进而带来数据重传，这将对确定性低时延、低抖动等指标的实现带来挑战。

另一方面，如何提升 5G 网络中核心网设备及基站设备的时间感知能力，实现基于精准时间的资源调度与数据转发。传统蜂窝移动通信系统中的资源分配是基于业务优先级、队列情况等进行综合调度，虽然也强调对实时业务传输时延的优化，但并未严格地按照精准时间进行资源调度及数据发送。如何在 5G 网络中对 TSN 的机制进行引入增强，成为 5G 与 TSN 协同传输面临的另一个挑战。

7.3.2　5G-TSN 跨网时间同步机制

全局网络时钟同步是实现跨网确定性时延传输的基础和关键。然而，5G 和 TSN 属于不同的时间域，两个网络均有各自域内的主时钟，因此，如何实现两者的时间同步成为 5G 与 TSN 协同传输的首要关键问题。

对于实现 5G 与 TSN 域的跨网时间同步，主要有两种方案，一种是边界时钟补偿方案，另一种就是时钟信息透明传输方案。边界时钟补偿方案如图 7.10 所示。时钟信息透明传输方案如图 7.11 所示。

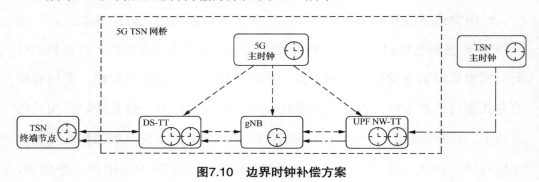

图7.10　边界时钟补偿方案

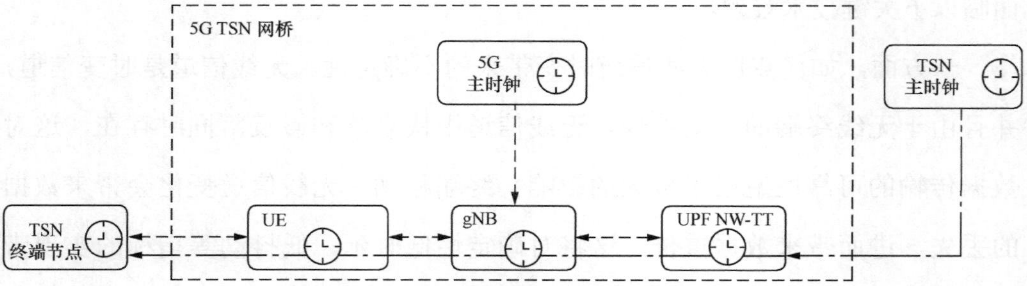

图7.11　时钟信息透明传输方案

对于边界时钟补偿方案，5G 网络中终端侧及网络侧的网关处能同时感知到两个时间域的时钟消息，边界网关将对两个时钟间的误差进行测量，并将测量值补偿到 5G 时钟信息上，使 5G 和 TSN 两个不同的网络能够处于同样的时间基础，实现 5G 核心网设备及 5G 基站（Next generation node B，gNB）的精准时延转发功能。对于该方案而言，两个时钟间误差测量的精度及误差更新的频度，成为跨网时钟同步的关键。

时钟信息透明传输方案中将 TSN 域内时间同步消息（即 PTP 消息）在5G 域内进行透明传输。但是，在传输链路上经过每一个节点时，都需要对消息在该节点的停留时间进行标记，即记录进入该节点入口和离开该节点出口时的时间戳，并将时间戳消息填入 PTP 事件消息的修正字段，TSN 设备时钟收到 PTP 消息后，可根据驻留时间对积聚误差进行误差补偿，从而实现 5G-TSN跨网时间同步。对于 5G 网络而言，空口时间同步的精度将影响其时间戳的精度，进而影响端到端时间同步的精度。因此，目前在跨 5G-TSN 的时间同步方案研究中，仍然以边界时钟补偿方案为主。

7.3.3　支持 TSN 业务的 5G 增强机制

终端移动及无线信道时变是 5G 与 TSN 协同传输面临的首要关键难题。在 R15 和 R16 版本中，针对低时延和高可靠保证，5G 在支持更大子载波间隔配置、mini-slot 设置、更低频谱效率的调制与编码策略（Modulation and Coding Scheme，MCS）等物理层技术及上行免授权调度、快速接入、双连接等高层协议等方面做了较多的增强和改进，进一步降低了无线网络接入时延和调度等待时延。

（1）灵活的物理层帧结构

5G NR 定义了更加灵活的物理层帧结构，其一个重要的特征就是帧长度可变，例如，可以为 uRLLC 配置短期，为增强移动宽带（enhanced Mobile Broadband，eMBB）配置长周期。在 5G NR 中，下行链路、上行链路和侧链路传输被分成可持续一定时间的帧，NR 标准的传输由 10ms 帧组成，每个帧由 10 个等时间长度的子帧组成，每个子帧为 1ms。每一帧被分成两个大小相同的半帧，各自包含 5 个子帧，半帧 0 由子帧 0～4 组成，半帧 1 由子帧 5～9 组成。每个子帧又被进一步划分为若干个时隙，时隙是 5G 调度的基本时间单元，每个时隙由 14 个正交频分复用（Orthogonal Frequency Division Multiplexing，OFDM）符号构成。

资源块（Resource Block，RB）是 5G 资源调度中最小的资源单元，RB 由时间域的 14 个 OFDM 符号和频率域连续的 12 个子载波构成。子载波间隔越高，OFDM 符号的周期就越小，时隙长度也会相应变小，减小资源调度的周期。5G NR 除了支持 4G 中 15 kHz 的子载波间隔，还支持 30 kHz、60 kHz 和 120 kHz 的子载波间隔，从而使时隙的长度分别为 0.5ms、0.25ms 和 0.125ms。

此外，为了进一步降低空口传输时延，5G uRLLC 提出了微时隙（Mini-Slot）的概念，可以将调度的时间间隔缩短为连续的 2 个、4 个或 7 个 OFDM 符号长度。

（2）支持周期性 TSN 业务的 5G 调度机制

为了让 5G 无线接入网更有效地适配确定性传输机制，5G 引入了时延敏感通信辅助信息（TSCAI），5G 核心网将通过 N2 接口向 gNB 传递 TSCAI 参数，用于描述 gNB 入口和 UE 出口接口上的 TSC 流业务模式，分别用于下行链路和上行链路方向的业务。TSCAI 来自 AF，经由 PCF、SMF、AMF 发送给 gNB，以便 NG-RAN 预知 TSN 业务流的到达时间，预留网络资源，从而对 TSN 业务流进行更有效的周期性调度。TSCAI 的参数如下。

突发到达时间：指示在给定流向（上行为 DS-TT 到 NW-TT，下行为 NW-TT 到 DS-TT）下 5G 网络入口端口的突发到达时间，以帮助 5G 空口传输 TSN 业务流。

业务周期：指示突发事件的时间，以协助 5G 空口上 TSN 业务流的传输。

流方向：指示上述参数对应的是上行流还是下行流。

在针对 TSN 业务流的无线资源分配方面，5G 基站引入了半持续调度（Semi-Persistent Scheduling，SPS），以更好地应对周期性的时间敏感业务流。调度指的是基站遵从帧结构配置，在帧结构允许的时域单位上，以某个调度基本单位，为 UE 分配物理下行共享信道和物理上行共享信道上的资源，包括时域、频域、空域资源，用于系统消息传输或者用户数据传输。调度需要确定帧结构配置、调度基本单位、调度器、调度执行过程。调度时，UE 测量信道状态信息参考信号（Channel State Information-Reference Signal，CSI-RS）的信号与干扰加噪声比（Signal to Interference plus Noise Ratio，SINR），上报信道质量指示（Channel Quality Indicator，CQI）、秩指示（Rank Indicator，Rl）、预编码矩阵标识（Precoding Matrix Indicatior，PMI）等信道质量信息给 gNB；gNB 根据 UE 反馈的信道质量，结合 UE 能力等信息，选择合适的调制编码方式，在物理下行共享信道 / 物理上行共享信道上传递相关数据；UE 通过物理下行控制信道承载的下行控制信息（Downlink Control Information，DCL）获取上下行调度信息。

TSN 业务通常是周期性、确定性的，消息大小固定或在指定范围内。对于这类业务，通过核心网提供相关信息（消息周期、消息大小和参考时间 / 偏移量），了解 TSN 流量模式有助于 gNB 通过 SPS 或使动态授权更有效地调度。然而，对于下行方向，SPS 配置的最小周期是 10ms，这不足以支持周期较短的 TSN 业务，为了支持下行方向上周期非常短的 TSN 业务流，3GPP R16 支持额外的、较短的 SPS 周期，并且单个 UE 支持多套 SPS 配置，最大数量为 8 套，能更好地支持多个 TSN 业务流在一个 UE 上的传输。

① UE 上行免授权调度。

UE 上行调度方式可分为动态调度方式和基于资源预留的免授权调度方式。对于动态调度方式，UE 在每次发送上行数据前都需要先通过调度请求向基站申请上行资源，再由基站通过物理下行控制信道给该 UE 配置相应的上行 RB 资源后，UE 才能在相应的上行信道中发送数据。在此过程中，信令多次交互，耗时较长，无法满足 uRLLC 短时延的要求。

为缩短空口传输的双向传输时延，可在上行信道上配置免授权的调度方式。gNB 通过激活一次上行授权给 UE，UE 在没收到去激活信息的情况下，将会一直使用第一次上行授权所指定的资源进行上行传输，可节省上行调度的空口信令交互时间，上行免授权有两种传输类型。

● Type 1：由无线资源控制（Radio Resource Control，RRC）通过高层信令进行配置。

● Type 2：由 DCI 进行指示上行免授权的激活和去激活，其需要的参数由"IE Configured Grant Config"进行配置，但是需要由 DCI 激活才能使用。

如果上行免授权配置类型为 Type 1，则 RRC-Configured Uplink Grant 中的参数全为 Type 1 需要的参数，例如，时域资源、频域资源、MCS、天线端口、SRS 资源指示、解调参考信号等相关参数。另外，"IE Configured Grant Config"授权配置信息中也包含了 Type 1 和 Type 2 需要的公共参数，例如，周期、发送功率、重复次数、重复的冗余版本等上行传输时需要的全部参数。

对于 Type 2 而言，可以看出，除了两种类型均需要的公共参数，其并没有配置时域资源、频域资源、MCS 等相关参数，需要由 DCI 进行激活才能进行上行数据的传输。因此，对于 Type 2，当 UE 收到"RRC-Configured Uplink Grant"中配置的公共参数后，不会立即进行上行传输，只有当 UE 收到 DCI 指示激活后才会进行传输，DCI 指示激活将会携带时域资源、频域资源、MCS 等相关参数。

由此可见，上行免授权调度将为 UE 的接入和上行数据传输提供更低时延的保障。

② 冗余传输方案。

根据 IMT-2020 的定义，高可靠性被定义为在一定时延要求下正确传输数据包的概率。提高可靠性的一个简单原理就是利用重复传输获得增益，因此 3GPP R16 标准中也定义了以下各类冗余传输的方案。

① 分组数据汇聚协议（Packet Data Convergence Protocol，PDCP）重复传输：允许应用层的数据包在 PDCP 层被复制，并将不同的复制版本分别提交给不同的无线链路控制（Radio Link Control，RLC）实体来传输，以多路径获得分集增益，提高可靠性。具体可适用于双链接（Dual Connectivity，DC）和载波聚合（Carrier Aggregation，CA）架构。R16 标准最多支持 4 条链路的 PDCP 重复传输。

② 基于双连接的用户面冗余传输：UE 可以通过 5G 网络发起两个冗余 PDU 会话。5G 系统将两个冗余 PDU 会话的用户平面路径设置为不相交。当启动 PDU 会话设置或修改时，RAN 可以根据从 5G 核心网接收到的冗余信息，在一个 NG-RAN 节点或两个 NG-RAN 节点（一主一从）中为两个冗余 PDU 会话配置双连接，以确保用户平面路径不相交。RAN 必须确保两个冗余 PDU 会话的无线承载资源是隔离的。如果 RAN 不能满足不相交的用户平面要求，则根据 RAN 本地配置，可以保留或不保留冗余 PDU 会话。在切换的情况下，冗余信息被传送到目标 gNB 节点。UE 可将两条 PDU 会话视作两条不同的无线网络接口，从而提升空间分集增益，提升数据传输的可靠性。

③ N3/N9 冗余传输：为了提高 UPF 和 RAN 之间 N3 接口的可靠性，可通过部署两个独立的 N3 隧道进行冗余传输。gNB 上行收到的报文复制为 2 份，通过不同的 N3 隧道发送给核心网。下行 UPF 将从外部数据网络中获取的报文复制为多份，然后通过不同的 N9 隧道发送给 gNB。

7.4 5G-TSN 应用场景展望

5G 与 TSN 协同传输研究目前尚处于起步阶段，不管在技术标准化还是设备成熟度方面均处于发展早期，其由试验走向实践还需要一个过程，还需要通信领域与行业领域的双向适配和探索。但是，需要看到的是，5G-TSN 协同架构兼具 5G 无线部署及 TSN 确定性传输的特征，而随着移动机器人、机械臂、机器视觉等工业智能新技术在工业、电力、无人驾驶等多个领域的应用，设备无线化需求也进一步凸显，对于多样化数据的统一承载、网络连接的时延和可靠性要求进一步提升，这些需求的出现必定会为5G-TSN的协同应用提供更多的应用场景。

（1）工业领域的应用

工业领域是"5G+TSN"的重要应用场景，结合未来智能工厂中跨产线、跨车间实现多设备协同生产需求，集中控制需求将变得更为迫切，原先分布式的控制功能将集中到具有更强大计算能力的控制云中，一方面更加有利于生产协同，另一方面是智能化发展的需要。5G-TSN在工业场景中的应用示意如图7.12所示。

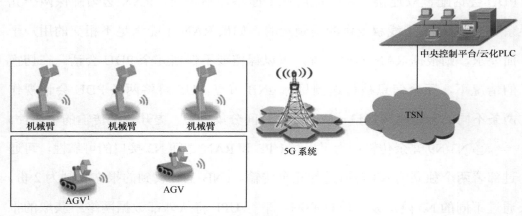

注：1. AGV（Automated Guided Vehicle，自动引导运输车）。

图7.12　5G–TSN在工业场景中的应用示意

少人化、无人化是未来智能工厂的典型特征，随着机器视觉等人工智能技术的发展和成熟，大量的重复性劳动将会由机械臂、移动机器人来承担。在复杂生产环境中，需要多个机械臂及移动机器人相互配合，才能完成产品的装配及生产。然而，传统的工业控制大多在设备边缘进行直接控制，竖井式特征导致多设备间的协同协作难以实现，不能满足智能工厂的生产需求。借助5G+TSN协同传输技术，网络不仅能支持移动类型的智能工业设备，还能实现工业数据的确定性低时延传输与高可靠保障，实现感知、执行与控制的解耦，实现控制决策的集中，为大规模设备间的协同协作提供有力的技术支撑。此外，设备间无须进行有线组网，能够较好地根据生产需求进行设备组合，从而可实现跨车间、跨产线的生产协同，为智能工厂柔性生产提供扎实的网络基础支撑条件。

5G-TSN 在工业领域的应用场景如下。

① 基于 5G-TSN 的云化 PLC：随着计算资源的丰富，在通用计算机上实现 PLC 的功能成为一种趋势。利用 5G-TSN 时延确定性和高可靠性特征，实现 PLC 与远端 I/O 设备之间的通信，从而为 PLC 的集中提供网络支撑，进而实现远端集中式的云化 PLC 对生产设备的控制，即控制器与设备间的确定性通信。

② 基于 5G-TSN 的移动机器人控制：在工业自动化产线，利用 5G-TSN 低时延特性和多业务统一承载特性，结合传感器技术，实现机器人和机械臂的环境感知、姿态控制、远程操作、自动控制等功能，满足智能生产需求。

③ 基于 5G-TSN 的远程集中操控：在智慧矿山、智慧港口、智慧工厂的构建过程中，通过机器视觉及远程操控技术，利用高带宽、低时延、高可靠、多业务统一承载的 5G-TSN，将作业机械的自控系统状态信号、视频监控图像信号等信息，实时传到后方集中管理控制平台；后方调度人员下达的作业指令，也可以实时、可靠地回传到机械，从而使生产调度人员更加合理地检测生产机械状态并对其进行操控，在危险度高、工作条件恶劣的场景中使用机器替代人工，可保障人员安全，同时减少对大型设备的改造成本。

（2）电力行业的应用

在电力行业应用方面，电网差动保护，要求在电网上各采样点的数据能同步传输到中央控制中心，这样才能让控制中心准确地监控到整个电网的运行状态。利用 5G-TSN 的高精度时钟同步、低时延抖动特性，可以为配用电智能终端提供微秒级的精准时钟同步授时，一方面解决了电力业务高精度授时需求，另一方面间接降低了网络抖动的严苛要求。

（3）车联网应用

远程驾驶、自动驾驶、无人驾驶均需要雷达传感器、激光传感器、高清摄像头等诸多辅助设备来完成周边环境信息的实时监测，业务类型多样，对时延、带宽和传输的可靠性都有极高的要求。此外，随着自动驾驶等级的提升，车内电控单元需要通过云端升级服务等，该场景需考虑端到端时延等网络挑战。利用 5G-TSN 的移动性、大带宽、低延时和高可靠特性，能够为智能网联车应用场景中传感器的通信，车辆与路边设施、车辆与车辆间的通信，车辆内部各智能单元间的通信提供车内外确定性传输保障。

参考文献

[1] 谢希仁，计算机网络 [M]. 第八版 . 北京：电子工业出版社，2021.

[2] 程莉，刘建毅，王枞，计算机网络 [M]. 北京：科学出版社，2012.

[3] James. 互联网 OSI 七层模型详细解析 [J]. 网络与信息，2009，23（9）：44.

[4] 林闯 . 计算机网络的服务质量（QoS）[M]. 清华大学出版社，2004.

[5] 郭其一，黄世泽，薛吉，等 . 现场总线与工业以太网应用 [M]. 北京：科学出版社，2013.

[6] 陈忠华 . 可编程序控制器与工业现场总线 . 第 2 版 [M]. 机械工业出版社，2012.

[7] 夏继强，邢春香，耿春明，等 . 工业现场总线技术的新进展 [J]. 北京航空航天大学学报，
2004（4）：358-362.

[8] 冯冬芹，金建祥，褚健 . 工业以太网关键技术初探 [J]. 信息与控制，2003（3）：219-224.

[9] 魏庆福 . 现场总线技术的发展与工业以太网综述 [J]. 工业控制计算机，2002（1）：1-5.

[10] 吴爱国，梁瑾，金文 . 工业以太网的发展现状 [J]. 信息与控制，2003（5）：458-461+466.

[11] 张浩，谭克勤，朱守云 . 现场总线与工业以太网络应用技术手册 [M]. 上海科学技术出版
社，2004.

[12] 蔡岳平，姚宗辰，李天驰 . 时间敏感网络标准与研究综述 [J]. 计算机学报，2021，44（7）：
1378-1397.

[13] 曹志鹏，刘勤让，刘冬培，等 . 时间敏感网络研究进展 [J]. 计算机应用研究，2021，38（3）：
647-655.

[14] 王敬超，高先明，黄玉栋，等 . 时间敏感网络的控制架构 [J]. 北京邮电大学学报，2021，
44（2）：95-101.

[15] 张磊，王盼盼 . 时间敏感网络流量整形技术综述 [J]. 微电子学与计算机，2022，39（1）：

46-53.

[16] 朱瑾瑜，郭文双，高腾 . 移动前传与时间敏感网络技术融合趋势 [J]. 通信技术，2021，
54（11）：2504-2510.

[17] 张弛，韩丽，杨宏 . 时间敏感网络关键技术与标准化现状 [J]. 自动化仪表，2020, 41（3）：
97-101.

[18] 丛培壮，田野，龚向阳，等 . 时间敏感网络的关键协议及应用场景综述 [J]. 电信科学，
2019，35（10）：31-42.

[19] 张维杰，周志勇，任涛林，等 . 时间敏感网络核心机制及标准化进展研究 [J]. 仪器仪表
标准化与计量，2021（3）：4-7.

[20] Finn N. Introduction to time-sensitive networking. IEEE Commun Stand Mag [S]. IEEE，
2018，2（2）：22.

[21] Mills D，Martin J，Burbank J，et al. Network time protocol version 4：Protocol and
algorithms specification[J]. RFC，2010，5905.

[22] 李明国，宋海娜，胡卫东 . Internet 网络时间协议原理与实现 [J]. 计算机工程，2002（2）：
275-277.

[23] Institute of Electrical and Electronics Engineering. *IEEE Standard Profile for Use of IEEE
1588 Precision Time Protocol in Power System Applications*[S]. IEEE，2011.

[24] Eidson J C，Fischer M，White J. IEEE-1588™ Standard for a precision clock synchronization
protocol for networked measurement and control systems[C]//*Proceedings of the 34th Annual
Precise Time and Time Interval Systems and Applications Meeting*. 2002：243-254.

[25] Institute of Electrical and Electronics Engineering. IEEE Std 802.1AS-2020 *IEEE standard
for local and metropolitan area networks—timing and synchronization for time-sensitive
applications*[S]. New York：IEEE，2020.

[26] Ulbricht M，Acevedo J. Integrating time-sensitive networking[J]. *Computing Comm.
Networks*，2020：401.

[27] Nasrallah A，Balasubramanian V，Thyagaturu A，et al. Reconfiguration algorithms for high

precision communications in time sensitive networks[C] // *2019 IEEE Globecom Workshops* （*GC Wkshps*）. *Waikoloa*，2019（1）.

[28] 茹旭隆 . 时间敏感网络中的时间同步技术研究 [D]. 西安电子科技大学，2018.

[29] 王莹 . 时间敏感网络中高精度时钟同步关键技术研究 [D]. 西安电子科技大学，2019.

[30] Thomas L，Le Boudec J Y. On time synchronization issues in time-sensitive networks with regulators and nonideal clocks[J]. *SIGMETRICS Perform Eval Rev*，2020，48（1）：51.

[31] Institute of Electrical and Electronics Engineering. 802.1Qav-2009 - *IEEE Standard for Local and Metropolitan Area Networks - Virtual Bridged Local Area Networks Amendment 12: Forwarding and Queuing Enhancements for Time-Sensitive Streams*[S]，2009.

[32] 刘元峰 . 基于漏桶理论及令牌桶算法的网络流量整形策略的研究与实现 [D]. 东北师范大学，2008.

[33] 赵洋 . 基于信用量整形的流控机制实现与验证研究 [D]. 河北工业大学，2019.

[34] 李珂 . 时间敏感网络交换调度机制研究与实现 [D]. 西安电子科技大学，2019.

[35] Institute of Electrical and Electronics Engineering. IEEE Std 802.1Qbv-2015 *IEEE standard for local and metropolitan area networks—bridges and bridged networks - amendment 25: enhancements for scheduled traffic*[S]. New York：IEEE，2015.

[36] Institute of Electrical and Electronics Engineering. 802.1Qch-2017 – IEEE Standard for Local and metropolitan area networks—Bridges and bridged networks—Amendment 29：Cyclic queuing and forwarding [J/OL]. *Sciencepaper Online*（2017-06-28）[2021-12-03].

[37] Institute of Electrical and Electronics Engineering. 802.1QCR-2020，*Local and Metropolitan Area Networks— Bridges and Bridged Networks Amendment 34: Asynchronous Traffic Shaping*（*IEEE Computer Society*；*Includes Access to Additional Content*）[S]. IEEE，2020.

[38] Institute of Electrical and Electronics Engineering. 802.1Qbu-2016 – IEEE standard for local and metropolitan area networks — bridges and bridged networks — Amendment 26：Frame preemption [J/OL]. *Sciencepaper Online*（2016-08-30）[2021-04-08].

[39] Nasrallah A，Thyagaturu A S，Alharbi Z，et al. Ultra-low latency （ULL） networks: The

IEEE TSN and IETF DetNet standards and related 5G ULL research [J]. IEEE Commun Surv Tutor, 2019, 21（1）: 88.

[40] Belden Inc. Time sensitive networking [J/OL]. *White Paper Online*（2019-10）[2021-11-29].

[41] Mohammadpour, E. Stai and J. -Y. Le Boudec. Improved Credit Bounds for the Credit-Based Shaper in Time-Sensitive Networking[J]. *IEEE Networking Letters*, 2019, 1（3）: 136.

[42] 邱雪松, 黄徐川, 李文萃, 等 . 面向大规模时间敏感网络的分组调度机制 [J]. 通信学报, 2020, 41（11）: 124-131.

[43] W. Quan, J. Yan, X. Jiang and Z. Sun.On-line Traffic Scheduling optimization in IEEE 802.1Qch based Time-Sensitive Networks[C]//*2020 IEEE 22nd International Conference on High Performance Computing and Communications*, 2020, pp. 369-376.

[44] B. Wang, F. Luo and Z. Fang.Performance Analysis of IEEE 802.1Qch for Automotive Networks: Compared with IEEE 802.1Qbv[C]//*2021 IEEE 4th International Conference on Computer and Communication Engineering Technology*（CCET）, 2021, pp. 355-359.

[45] Z. Zhou, J. Lee, M. S. Berger, ed al. Simulating TSN traffic scheduling and shaping for future automotive Ethernet[J]. *Journal of Communications and Networks*, 2021, 23（1）: 53-62.

[46] A. Nasrallah . Performance Comparison of IEEE 802.1 TSN Time Aware Shaper（TAS）and Asynchronous Traffic Shaper（ATS）[J]. *IEEE Access*, 2019, vol. 7: 44165-44181.

[47] 曾磊 .TSN 帧抢占及循环队列调度研究 [D]. 西安电子科技大学, 2020.

[48] 乐晨俊 . 时间敏感网络关键技术研究与仿真模型设计 [D]. 苏州大学, 2019.

[49] A. Gogolev, P. Bauer. A simpler TSN? Traffic Scheduling vs. Preemption[C]//*2020 25th IEEE International Conference on Emerging Technologies and Factory Automation*（ETFA）, 2020, pp. 183-189.

[50] IEEE Approved Draft Standard for Local and Metropolitan Area Networks – Bridges and Bridged Networks Amendment: Per-Stream Filtering and Policing, in *IEEE P802.1Qci/D1.4, October 2016*, vol., no., pp.1-61, 1 Jan. 2016.

[51] IEEE Standard for Local and metropolitan area networks – Bridges and Bridged Networks -

Amendment 24: Path Control and Reservation，in *IEEE Std 802.1Qca-2015（Amendment to IEEE Std 802.1Q-2014 as amended by IEEE Std 802.1Qcd-2015 and IEEE Std 802.1Q-2014/ Cor 1-2015）*，vol.，no.，pp.1-120，11 March 2016.

[52] A. A. Syed，S. Ayaz，T. Leinmüller，et al. "MIP-based Joint Scheduling and Routing with Load Balancing for TSN based In-vehicle Networks," *2020 IEEE Vehicular Networking Conference（VNC）*，2020，pp. 1-7.

[53] Y. Li，J. Jiang，S. H. Hong. "Joint Traffic Routing and Scheduling Algorithm Eliminating the Nondeterministic Interruption for TSN Networks Used in IIoT," in *IEEE Internet of Things Journal*.

[54] 袁智勇，刘文林 . 多生成树协议详解 [J]. 科技创新与应用，2014（33）：89.

[55] 李元龙，邱玉祥 . 基于生成树协议的交换域拓扑发现算法 [J]. 计算机科学，2012，39（3）：288-290.

[56] 昝素芳 . SPB 协议转发浅析 [J]. 无线互联科技，2014（5）：111.

[57] 翁国梁 . IS-IS 路由协议分析与大型网络路由设计 [J]. 网络安全技术与应用，2015（3）：145+148.

[58] 祖进 . 路由协议 IS-IS 的实现与改进 [D]. 北京：北京邮电大学，2001.

[59] Institute of Electrical and Electronics Engineering. IEEE Standard for Local and metropolitan area networks--Frame Replication and Elimination for Reliability，*IEEE Std 802.1CB-2017*，2017.

[60] D. Ergenc，M. Fischer. On the Reliability of IEEE 802.1CB FRER[C]// *IEEE INFOCOM 2021- IEEE Conference on Computer Communications*，2021，pp. 1-10.

[61] Z. Yao，Y. Cai，T. Li. Multiple Cascaded Preconfigured Cycles for the FRER Mechanism in Time-Sensitive Networking[C]//*2021 IEEE International Conference on Communications Workshops（ICC Workshops）*，2021，pp. 1-6.

[62] Institute of Electrical and Electronics Engineering. IEEE Standard for Local and metropolitan area networks--Virtual Bridged Local Area Networks Amendment 14：Stream Reservation

Protocol（SRP），*IEEE Std 802.1Qat-2010（Revision of IEEE Std 802.1Q-2005）*，2010.

[63] 刘红运. 车载 Ethernet AVB/TSN 框架下的多流属性注册协议研究与实现 [D]. 西安电子科技大学，2017.

[64] Institute of Electrical and Electronics Engineering. IEEE Standard for Local and Metropolitan Area Networks - Virtual Bridged Local Area Networks - Amendment 07：Multiple Registration Protocol，*IEEE Std 802.1ak-2007 Amendment to IEEE Std 802.1QTM-2005*，2007.

[65] Institute of Electrical and Electronics Engineering. P802.1Qcc/D2.0，Oct 2017 – IEEE draft standard for local and metropolitan area networks—media access control（MAC）bridges and virtual bridged local area networks amendment：Stream reservation protocol（SRP）enhancements and performance improvements [J/OL]. *Sciencepaper Online*（2017-01-01）[2021-04-08].

[66] H. Chahed，A. J. Kassler. Software-Defined Time Sensitive Networks Configuration and Management[C]// *2021 IEEE Conference on Network Function Virtualization and Software Defined Networks*（NFV-SDN），2021，pp. 124-128.

[67] Institute of Electrical and Electronics Engineering. IEEE Standard for Local and metropolitan area networks--Bridges and Bridged Networks--Amendment 30：YANG Data Model，*IEEE Std 802.1Qcp-2018（Amendment to IEEE Std 802.1Q-2018）*，2018.

[68] 穆瑜博，张宇华. YANG 模型与运营商开放平台战略 [J]. 电信网技术，2016（5）：62-66.

[69] Lou Berger et al. YANG Data Model for Network Instances [J]. RFC，2019，8529：1-44.

[70] 徐慧，艾翔，肖德宝. 基于 NETCONF 协议的新一代网络管理 [J]. 北京邮电大学学报，2009，32（1）：10-14.

[71] 王俊文. 未来工业互联网发展的技术需求 [J]. 电信科学，2019，35（8）：26-38.

[72] 朱瑾瑜，张恒升，陈洁. TSN 与 5G 融合部署的需求和网络架构演进 [J]. 中兴通讯技术，2021，27（6）：47-52.

[73] 3GPP. TS 23.501（version 16.4.0）– System Architecture for the 5G System[S/OL]. 3GPP.（2020-03-27）[2021-04-08].

[74] 3GPP. TS23.502（version 16.3.0）– Procedures for the 5G System（5GS）；stage 2[S/OL]. 3GPP（2019-12-22）[2021-04-08].

[75] 李卫，孙雷，王健全，等 . 面向工业自动化的 5G 与 TSN 协同关键技术 [J]. 工程科学学报，2022，44（6）：1044-1052.

[76] 5G Alliance for Connected Industrials and Automation. Integration of 5G with time-sensitive networking for industrial communications [R/OL]. 5G-ACIA（2019-11）[2021-04-01].

[77] 孙雷，王健全，林尚静，等 . 基于无线信道信息的 5G 与 TSN 联合调度机制研究 [J]. 通信学报，2021，42（12）：65-75.

[78] 蔡岳平，李栋，许驰，等 . 面向工业互联网的 5G-U 与时间敏感网络融合架构与技术 [J]. 通信学报，2021，42（10）：43-54.

[79] Ghosh A，Maeder A，Baker M，et al. 5G evolution：A view on 5G cellular technology beyond 3GPP release 15[J]. *IEEE Access*，2019，7：127639.

[80] 赵维铎，蒋伯章 . 5G+ 工业互联网的思考与实践 [J]. 中兴通讯技术，2020，26（5）：57-60.

[81] Godor I，Luvisotto M，Ruffini S，et al. A look inside 5G standards to support time synchronization for smart manufacturing[J]. *IEEE Commun Stand Mag*，2020，4（3）：14.

[82] 吴欣泽，信金灿，张化 . 面向 5G TSN 的网络架构演进及增强技术研究 [J]. 电子技术应用，2020，46（10）：8-13.

[83] 刘珊，黄蓉，王友祥 . 5G URLLC 技术应用 [J]. 移动通信，2022，46（2）：55-60.

[84] 许方敏，伍丽娇，杨帆，等 . 时间敏感网络（TSN）及无线 TSN 技术 [J]. 电信科学，2020，36（8）：81-91.

[85] Larrañaga A，Lucas-Estañ M C，Martinez I，et al. Analysis of 5G-TSN integration to support industry 4.0 [C]// 2020 *25th IEEE International Conference on Emerging Technologies and Factory Automation*（*ETFA*）. Vienna，2020：1111.

[86] 中国工业互联网产业联盟，5G+TSN 融合部署场景与技术发展白皮书（V1.0 版）[Z] 2021.